建筑业农民工业余学校培训教材

建筑业农民工务工常识

建设部人事教育司组织编写

中国建筑工业出版社

图书在版编目(CIP)数据

建筑业农民工务工常识/建设部人事教育司组织编写. —北京：中国建筑工业出版社，2007

建筑业农民工业余学校培训教材

ISBN 978-7-112-09679-4

Ⅰ. 建… Ⅱ. 建… Ⅲ. ①建筑工程-工程施工-技术培训-教材 ②农民-劳动就业-劳动法-基本认识-中国 ③建筑工程-安全生产-技术培训-教材 Ⅳ. TU7 D992.504

中国版本图书馆CIP数据核字(2007)第181825号

建筑业农民工业余学校培训教材
建筑业农民工务工常识
建设部人事教育司组织编写

*

中国建筑工业出版社出版、发行（北京西郊百万庄）
各地新华书店、建筑书店经销
北京天成排版公司制版
北京市密东印刷有限公司印刷

*

开本：787×1092毫米 1/32 印张：4⅝ 字数：102千字
2007年12月第一版 2007年12月第一次印刷
印数：1—15000册 定价：**9.00**元
<u>ISBN 978-7-112-09679-4</u>
(16343)

版权所有 翻印必究
如有印装质量问题，可寄本社退换
（邮政编码 100037）

本书是依据国家有关现行标准规范并紧密结合建筑业农民工相关工种培训的实际需要编写的,主要内容包括:建筑工人城市务工基本常识、劳动和社会保险、建筑安全生产常识、建筑工人健康卫生常识等四部分知识。

本书可作为建筑业农民工业余学校的培训教材,也可供农民工进城务工学习参考。

* * *

责任编辑:朱首明　李　明　牛　松
责任设计:赵明霞
责任校对:兰曼利　孟　楠

建筑业农民工业余学校培训教材审定委员会

主　任： 黄　卫
副主任： 张其光　刘　杰　沈元勤
委　员：（按姓氏笔画排序）
　　　　　占世良　冯可梁　刘晓初　纪　迅
　　　　　李新建　宋瑞乾　袁湘江　谭新亚
　　　　　樊剑平

建筑业农民工业余学校培训教材编写委员会

主　　编：孟学军
副主编：龚一龙　朱首明
编　　委：(按姓氏笔画排序)

马岩辉	王立增	王海兵	牛　松
方启文	艾伟杰	白文山	冯志军
伍　件	庄荣生	刘广文	刘凤群
刘玉婷	刘善斌	刘黔云	阮祥利
孙旭升	李　伟	李　明	李　波
李小燕	李唯谊	李福慎	杨　勤
杨景学	杨漫欣	吴　燕	吴晓军
余子华	张莉英	张宏英	张晓艳
张隆兴	陈葶葶	林火桥	尚力辉
金英哲	周　勇	赵芸平	郝建颇
柳　力	柳　锋	原晓斌	黄　威
黄水梁	黄永梅	黄晨光	崔　勇
隋永舰	路　明	路晓村	阚咏梅

序　言

　　农民工是我国产业工人的重要组成部分，对我国现代化建设作出了重大贡献。党中央、国务院十分重视农民工工作，要求切实维护进城务工农民的合法权益。为构建一个服务农民工朋友的平台，建设部、中央文明办、教育部、全国总工会、共青团中央印发了《关于在建筑工地创建农民工业余学校的通知》，要求在建筑工地创办农民工业余学校。为配合这项工作的开展，建设部委托中国建筑工程总公司、中国建筑工业出版社编制出版了这套《建筑业农民工业余学校培训教材》。教材共有 12 册，每册均配有一张光盘，包括《建筑业农民工务工常识》、《砌筑工》、《钢筋工》、《抹灰工》、《架子工》、《木工》、《防水工》、《油漆工》、《焊工》、《混凝土工》、《建筑电工》、《中小型建筑机械操作工》。

　　这套教材是专为建筑业农民工朋友"量身定制"的。培训内容以建设部颁发的《职业技能标准》、《职业技能岗位鉴定规范》为基本依据，以满足中级工培训要求为主，兼顾少量初级工、高级工培训要求。教材充分吸收现代新材料、新技术、新工艺的应用知识，内容直观、新颖、实用，重点涵盖了岗位知识、质量安全、文明生产、权益保护等方面的基本知识和技能。

　　希望广大建筑业农民工朋友，积极参加农民工业余学校的培训活动,增强安全生产意识,掌握安全生产技术;认真学习,刻苦训练,努力提高技能水平;学习法律法规,知法、懂法、守法,依法维护自身权益。农民工中的党员、团员同志,要在学习的同时,积极参加基层党、团组织活动,发挥党员和团员的模范带头作用。

愿这套教材成为农民工朋友工作和生活的"良师益友"。

建设部副部长:黄卫

2007年11月5日

前　言

2007年3月22日，建设部等五部委联合发出《关于在建筑工地创建农民工业余学校的通知》，在建筑业全面推行农民工业余学校，是建筑业贯彻落实党中央、国务院关于构建和谐社会和解决农民工问题的大政方针的一项重要举措；是为了提高建筑业劳动生产效率，促进建筑业又好又快发展；是为了满足农民工在物质、文化、政治和维权等各方面的需求，使农民工得到实实在在的利益。目前我国有1.32亿农民工，其中五分之一在建筑业。怎样解决建筑业农民工最关心、最直接、最现实的问题，使他们共享改革发展成果，共建和谐社会，是建筑业构建和谐社会不能忽视的大问题。

建设部等五部委经过深入调研，认为在建筑工地创建农民工业余学校，通过这一平台把农民工组织起来，开展安全教育、技术培训、权益保护、思想和文化教育等服务，是新形势下提高农民工素质，维护农民工合法权益，促进农民工共同参与构建和谐社会的有效途径。

本书的编写宗旨是要引导农民工提高自身素质，使他们遵纪守法、爱岗敬业、诚实守信，尽快适应城市生活环境，自觉遵守城市公共秩序和管理规定，努力成为新型的城市居民和受当地居民欢迎的人；要提高农民工的操作技能，维护农民工的合法权益，依法规范企业用工管理，强化农民工安全意识，保障农民工工资支付，使他们没有后顾之忧。

广大农民工在我国改革开放的历史上写下了光辉的篇章，也一定能够在全面建设小康社会的征途中创造新的辉煌。祝愿广大农民工朋友在各自的岗位上创造出新的业绩，为构建社会主义和谐社会做出应有的贡献！

本书由尚力辉、郝建颇、刘黔云编写，孙旭升、余子华审阅。书中漫画由夏秀英、李博识、蕉袁渊绘制。

目 录

一、建筑工人城市务工基本常识 ·············· 1
  （一）社会文明与道德常识 ················ 1
  （二）培训与就业常识 ···················· 6
  （三）城市生活常识 ······················ 10

二、劳动与社会保险 ························ 19
  （一）劳动合同 ·························· 19
  （二）工资 ······························ 32
  （三）社会保险 ·························· 41
  （四）劳动争议与调解 ···················· 53

三、建筑安全生产常识 ······················ 63
  （一）建筑施工现场安全生产常识 ·········· 63
  （二）建筑施工现场安全规定 ·············· 77

四、建筑工人健康卫生常识 ·················· 95
  （一）常见疾病知识 ······················ 95
  （二）艾滋病知识 ························ 100
  （三）职业病知识 ························ 120
  （四）施工现场急救知识 ·················· 129

主要参考文献 ······························ 135

一、建筑工人城市务工基本常识

（一）社会文明与道德常识

1. 合格的建筑工人应具备哪些基本素质？

首先，要具备过硬的思想政治素质，多关心和关注国家和社会大事，把自己从事的具体工作与贯彻落实科学发展观、继续解放思想、坚持改革开放、推动科学发展、促进社会和谐联系起来，与夺取全面建设小康社会新胜利联系起来。要有高度的政治责任感。

其次，要具备良好的科学文化素质，文化水平偏低，在一定程度上会极大地限制我们的自身进步和发展，要想跟上时代潮流的发展，这方面是必不可少的。

第三，要具备高尚的职业道德素质，一定要文明、懂法，只有这样，才能创建一个良好的社会秩序，才能有一个安静、舒适、整洁、优美的生活、学习和工作环境。

最后，要掌握一定的专业知识与技能，建筑行业还是一个对技术水平要求很高的行业，如果在施工过程中技术水平不达标，那么建造出来的工程是具有相当大的隐患的，因此，掌握相关的专业知识与技能，是一名合格建筑工人必须具备的素质。

案例： 1996年，曾有几位年轻人在一家日商独资企业务工。他们发现,厂方让他们生产的电子游戏软件有美化、宣扬日本军国主义,诋毁中国民众的内容。他们顶着被开除的威胁,与日方老板据理力争,坚决要求停止生产。后经有关部门调查认定,该软件属不良文化和有害出版物,责令该企业停止生产,日方老板被迫递交了认错书。这个例子说明,当有损害国家和民族尊严的时候,就应坚决抵制和斗争。

2. 建筑工人在实际工作中需要遵守哪些职业道德?

(1) 要热爱社会主义祖国,热爱人民;

(2) 树立正确的劳动态度,诚实劳动,勤奋工作,爱岗敬业,忠于职守,做一名好员工;

(3) 增强职业责任意识,在岗位上坚持把国家的利益与公众利益和个人利益有机统一起来,对企业负责,爱岗敬业,诚实守信,以勤奋务实的劳动获取报酬;

(4) 严格按照有关规定办事,在生产过程中,在原材料使用和设备安装上,不以次充好,不偷工减料,对用户负责;

(5) 热爱劳动,不怕吃苦,注意节约,不浪费原材料,以主人翁的态度做好自己负责的工作;

(6) 严格遵守劳动纪律,维护生产秩序,做到文明施工,安全施工,保持施工场地的整洁;

(7) 遵纪守法,忠诚老实,讲究信誉;

(8) 要与工友之间团结友爱,互相学习,取长补短;

(9) 努力学习科学文化知识,刻苦钻研生产和施工技术,不断提高职业技能和业务能力,讲究工作效率,履行职业责任。

提示: 养成良好的职业道德,不仅有助于我们找工作、保住自己的工作,也有助于经历市场经济的磨练和考验,为自己将来的发展打下良好的基础。

3. 在施工现场工作、生活应注意哪些方面的文明礼貌？

施工现场应该注意哪些文明礼貌？

讲究秩序，爱护材料，珍惜成品，不在建筑物上乱写乱画；不随地大小便、吐痰、乱扔垃圾；夜间施工时，不能大喊大叫；中午休息时不能在大街边随意一躺。

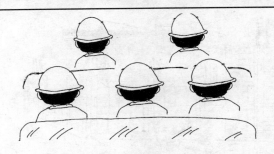

在现场施工时，要讲究秩序，要爱护建筑材料，对上道工序的成品要珍惜、爱护，不能随意毁坏；不能在建筑物上乱写乱画；不能随地大小便、吐痰、乱扔垃圾，更不能从楼上往下扔东西；在夜间施工时，不能大喊大叫，不能用锤子、钢筋头敲打模板；在中午休息的时候不能在大街边随意一躺。

在工地食堂吃饭的时候要排队，要谦让，不能敲饭盆，更不能为了点小事儿动不动就打架。要注意节约，不能浪费粮食，水龙头用完之后要注意随手关上，不能过量饮酒，更不能酒后寻衅滋事。

4. 文明施工都包括哪些方面的要求?

(1) 施工现场平面布置要严格按照施工平面布置图执行;

(2) 施工人员必须佩带标有姓名、岗位的胸卡;

(3) 施工现场要严格执行分片包干和个人岗位责任制,做到施工现场清洁、整齐、文明;

(4) 各种材料按照《物资控制程序》的要求,码放整齐,明确标识,合理保管,方便使用;

(5) 工人操作地点和周围必须清洁整齐。

5. 施工现场环境保护都有哪些要求?

(1) 现场要采取措施防止扬尘;

(2) 必须要将出土车辆的土方拍实,避免途中遗洒和运输过程中造成扬尘;

(3) 出土车辆离开现场之前,必须在洗车池处进行清洗。要有专人清扫场区外的市政道路,并适量洒水压尘,达到环卫要求；

（4）存放水泥要遮盖严，砂石料要堆放整齐；

（5）清理施工垃圾，要用封闭式垃圾通道或用容器吊运；

（6）生活及生产污水要达标排放，严防施工污水直接排入市政污水管线或流出施工区域污染环境；

（7）油品、化学品的排放要采取有效措施，在储存和使用中，要防止跑、冒、滴、漏现象的发生；

（8）根据环保噪声标准日夜要求的不同，合理协调安排施工分项的施工时间，避免噪声扰民；

（9）对强噪声设备，以隔声棚遮挡，实现降噪；

（10）要加强环保意识的宣传，采取有力措施控制人为制造噪声。

6. 如何与别人谈话？

谈话时态度要诚恳、自然、大方，语言要和气亲切，表达要得体。注意倾听对方的话。对长辈、师长、上级说话，要表示尊重，对下级、晚辈、学生说话注意平等待人和平易近人。

谈话时不要用手指指人，可做手势，但是动作幅度不宜过大。不要出言不逊、强词夺理，不要谈人隐私、揭人短处，更不能拨弄是非。遇有攻击、侮辱性语言，一定要表态，但要掌握尺度。

7. 如何礼貌问路？

问路时注意不要轻易打扰别人，问之前要热情、礼貌地称呼对方。当别人回答了你的问题，应真诚地道谢。没有回答，也应诚恳地表示感谢。

8. 如何文明骑车？

骑自行车时，一定要严格遵守交通法规，不闯红灯，不在机动车专用道上和便道上行驶。不勾肩搭背,不互相追逐或曲折行驶,不在市区骑车带人,不带超重超大的物品,拐弯前先做手势。要尊重行人,不要横冲直撞,过路口时主动礼让行人。骑车进入工厂、学校、机关、营房,要下车推行。

提示:在城市,不论采用何种交通方式,遵守交通规则是非常重要的。千万不要凭着以往在农村的经验,无视城市的交通规则。许多交通事故就是在侥幸心理的驱使下发生的。而一旦出现意外,带来的可能是整个家庭的痛苦。

重点:一定要了解建筑工人应具备哪些基本素质、应遵守哪些职业道德,还要了解个人日常的基本礼仪、在工作之中常用的基本礼仪以及在公共场所常用的基本礼仪。

(二)培训与就业常识

1. 进城务工前要做好哪几方面的准备?

(1)思想准备:要正确认识进城务工,一方面进城务工是脱贫致富的重要途径,政府在大力支持、帮助农村劳动力向农业的深度和广度进军的同时,也积极鼓励和引导农村富余劳动力向非农业和城填转移。进城务工能开阔眼界,增长见识,摆脱贫困,走向富裕,创造幸福未来。另外一方面,还要做好吃苦受累的思想准备,进城务工,常常会食无定时、居无定所,伴随的可能是方便面、地下室、小工棚;而劳动强度和劳动时间超常,精神压力大,常常遇到困难,要有战胜困难的决心和勇气。

(2)能力准备:目前城市里很多工作岗位大都要求从业人员具有较高文化水平和必要的职业技能。特别是经济发达地区的城镇，缺少的是掌握各类技术、技能的人员，尤其是高技能人才报酬也较高。所以准备进城务工的朋友，如果还没有掌握必要的专业技能，就应先参加专业技能培训，不然，就很可能因缺乏技能而失去很多的就业机会。

2. 进城务工需要接受哪些方面的培训？

首先，要接受基本技能和相关理论知识的培训，因为不同工种、不同岗位的技能要求各不相同，所以需要掌握将要从事的工种、岗位的基本技能，以满足用工单位的基本要求；

其次，要接受相关的政策、法律法规知识的培训，如《劳动法》、《劳动合同法》、《治安管理处罚条例》、《职业病防治法》等有关法规。务工者了解这些基本的法律知识，有利于遵纪守法和维护自身的合法权益；

第三，要接受安全常识和公民道德规范的培训，包括安全生产、城市公共道德、职业道德、城市生活常识等，通过培训使务工者适应城市工作和生活，树立良好的公民道德意识和爱护城市、保护环境、遵纪守法、文明礼貌的社会风尚。

3. 进城务工人员参加培训都有哪些途径？

（1）可以参加县、乡镇农业部门和劳动保障部门举办的培训班；

（2）可以参加职业高中、技校、夜校、专门的职业培训学校的学习；

（3）可以参加企业培训，由用工企业根据自己的需求进行专门的培训；

（4）可以参加建设行政主管部门组织的建筑职业技能培训；

（5）特殊工种可以参加县以上相关部门的培训并取得相应的上岗证。

提示：进城务工，可以根据自身的需要选择相应的培训机构，在选择培训机构时，不要轻信街头张贴的小广告的宣传，不要误入非法培训点，以免浪费时间和金钱，合法的培训机构都有当地政府相关部门核发的职业培训机构办学许可证。

4. 建筑行业有哪些常见的工种？

建筑行业主要的职业工种有：砌筑工、混凝土工、钢筋工、抹灰工、木工、架子工、防水工、建筑油漆工、装饰装修工、焊工、管道工、中小型建筑机械操作工、测量放线工、冷作工、钳工、工程机械修理工、推土、铲运机驾驶员、挖掘机驾驶员、通风工、工程电气设备安装调试工、起重机驾驶员、建筑材料试验工等。

其中，架子工、焊工、中小型建筑机械操作工等属于特殊工种，需经过相关部门培训并取得证书才能上岗。

5. 什么是职业资格证书？

职业资格证书是反映劳动者具备某种职业需要的专门知识和技能的证明，是劳动者求职、任职、从业的资格凭证，是用人单位招聘、录用劳动者的重要依据之一，也是外出就业时证明劳务人员技能水平的有效证件。职业资格证书是根据特定职业的实际工作内容、特点、标准和规范等规定的水平等级。职业资格证书反映了劳动者胜任职业活动的水平，是职业能力的具体体现。

6. 如何取得职业资格证书？

任何符合条件的人均可自主申请参加职业技能鉴定，个人持有关证明材料（身份证、参加工作时间的有效证明（由工作单位出具)和3张2寸黑白照片)到当地国家职业技能鉴定所(站)申请参加职业技能鉴定。申报职业技能鉴定，首先要根据所申报职业的资格条件，确定自己申报鉴定的等级。如果需要培训，应到政府劳动保障行政部门批准的培训机构参加培训。职业技能鉴定分为理论知识考试和操作技能考核两部分。理论知识考试一般采用笔试，操作技能考核一般采用现场操作加工典型工件、生产作业项目、模拟操作等方式进行。由经过劳动保障部批准的考核鉴定机构负责对劳动者实施职业技能考核鉴定。建筑行业从业人员，经过职业技能鉴定机构考核鉴定合格后，颁发由劳动保障部印制的《职业资格证书》，并在《职业资格证书》上加盖劳动保障行政主管部门和建设行政主管部门印章，再由职业技能鉴定所(站)送交本人。

提示：通过培训，取得职业资格证书，不仅证明自己的学识和技能，而且方便就业，可以找到一份好工作。但也不要盲目考证，因为不同的证书对应不同的工作，有时同一个工作还分不同种类的证书，对应不同的需要。因此，考证前要分清不同证书的作用，然后根据自己的特点和要求挑选最适合自己的证书，从而快速有效地提高专业能力。

7. 进城务工都有哪些主要的就业渠道？

(1) 可以参加当地政府部门组织的劳务输出；
(2) 可以参加当地建筑业企业组织的劳务输出；
(3) 可以通过正规合法的劳务中介机构介绍；
(4) 可以通过亲朋好友介绍或个人外出找工作。

8. 择业时有哪些需要注意和预防的事项？

(1) 尽量通过政府有关部门或从电视、报纸等媒体了解务工信息，不要轻易相信马路边随便散发的传单和电线杆上

张贴的小广告,避免上当受骗;

(2) 找工作一定要到劳动部门批准的劳动力市场,不要到一些街头巷尾或黑中介机构寻找工作;

(3) 择业时要选择正规的、持有建设行政主管部门颁发的《建筑企业资质证书》的企业,不要选择无资质的施工企业或"包工头"。

重点:一定要了解如何正确选择就业途径,如何取得职业资格证书,以及如何选择适合自己的培训来参加。

(三)城市生活常识

1. 进城务工人员需携带哪些基本证件?

进城务工人员需要携带的证件主要包括居民身份证、毕业证或学历证明、16～49周岁的育龄妇女须办理《流动人口婚育证明》、外出人员就业登记卡、外来人员就业证、健康凭证、能证明自己特殊身份的证件,如:转业军人证、复员军人证等。另外,最好带几张1寸或2寸的半身免冠照片备用。

提示:按照国家有关规定,在办理农民进城务工和企业用工手续时,除了证书工本费外,不得收取其他费用。一些用人单位收取暂住费等之类的费用都是不合法的。

2. 如何办理暂住证?

目前我国大部分城市要求外来务工人员办理暂住证。办理暂住证一般有两种方式:一是集体办理,二是个人办理。集体办理是由雇工的企业持单位介绍信到驻地派出所为外来务工者集体办理暂住证;个人办理需务工者本人到暂住地申报暂住登记,办理暂住证。

办理时需持本人身份证或原籍乡以上人民政府、公安机关出具的有效身份证明，近期三张一寸黑白免冠照片；居住在居民或农户家中的，应提交户主的户口簿；暂住在出租房内的，还应提交房屋的合法出租手续；暂住在单位内部的，由单位出具留住证明；暂住在农民家中的，由村委会出具暂住情况证明材料。暂住证有效期一年，过期无效，需要在有效期满前10日内重新申领暂住证。

3. 如何办理边境证？

目前我国仅有一些边境的省市需要办理边境证，进城务工人员一定要了解清楚目标城市是否需要办理边境证。

边境证办理的机构为户口所在地的县级以上公安机关或者指定的公安派出所。办理的程序如下：到常住的户口所在地公安分局或派出所领取并填写《边境通行证申请表》；持派出所审核过的《边境通行证申请表》和本人的居民身份证，到所在地县以上公安机关或者指定的公安派出所办理。

4. 身份证不慎丢失或被盗，应如何补办？

首先，立即到工作单位所在地的派出所报失，然后通知家人，请家人代为到自己户口所在的派出所报失；

其次，办理报失后，请家人代为申请补办新的居民身份证。办理新的身份证，需要带上本人身份证专用照片、户口簿和村委会开的证明，补办身份证的地点也是户口所在地的派出所；

第三，由于新的身份证办理时间较长，一般是三个月左右，所以需要先在户口所在地的派出所办理一个临时身份证，让家人邮寄过来，遇到检查时可以拿出来作为证明，千万不要借用他人的身份证和购买伪造的身份证；

最后，拿到新的身份证后，应退还临时身份证。

提示：一些人在丢失居民身证之后，不是及时补办，而是购买伪造的身份证，这是更严重的违法行为，一旦发现，就要被追究刑事责任。

5. 建筑工人如何处理好饮食问题？

首先，注意饮食卫生，防止食物中毒，在工地吃饭要保证个人餐具的卫生，在外面吃饭，要去那些卫生质量信得过，没有安全隐患的餐馆吃饭，做到饭前便后要洗手；

其次，注意饮水卫生，一般来说，刚到城市的时候，不能饮用这个城市的生水，特别是江、河、塘、湖水，绝对不能生饮；

第三，在吃瓜果之前一定要洗净、去皮，因为瓜果除了

受农药污染外,在采摘与销售过程中也会受到病菌或寄生虫的污染,其中有些是对人的身体非常有害的。

第四,学会鉴别饮食店卫生是否合格,合格的一般标准有:有卫生许可证,有清洁的水源,有消毒设备,食品原料新鲜,无蚊蝇,有防尘设备,周围环境干净,收款人员不接触食品且钱票与食品保持相当距离。

6. 工人住在集体宿舍需要注意哪些问题?

首先,要经常进行安全检查,如发现门窗损坏,及时报告有关部门进行修理;

其次,就寝前要关好门窗,天热时也不例外,防止犯罪分子乘机作案;

第三,在夜间上厕所,要格外小心,如厕所照明设备已坏,应带上电筒;

第四,要严格遵守共同的生活制度并互相谅解,在交往中要互相信任,注意团结,不要互相猜疑;

第五,最后离开宿舍的人要锁门,要养成随手关、锁门的习惯;

第六,要注意换人换锁,不要将钥匙借给他人,防止钥匙失控而被盗;

最后,要熟悉本宿舍人员,和睦相处。

7. 什么是平价药房?

有的时候去医院看病,高昂的药费让我们担负不起,现在城市中开设了许多平价药房,方便大家买药,从那里可以买到比医院价格便宜很多的药品。生活中一些常备的药品,比如感冒药、治疗腹泻的药等都可以从这里购买。平价药店里都有坐诊的医生,一些轻微的症状或是小病都可以直接咨询医生,医生会根据你的症状对症下药。

8. 城市里有哪些常见的银行?

目前我们经常打交道的比较大的银行有工商银行、建设银行、中国银行和农业银行,还有城市银行、股份制银行,如北京银行、深圳发展银行、交通银行、华夏银行、招商银行等。另外我国还有一些外资的银行,如汇丰银行、花旗银行、渣打银行等。

比较大的银行在全国各地都有分行或储蓄所。各银行的利率是一致的,我们可以就近选择任意一家银行存钱。

9. 存折或储蓄卡丢失应当怎么办?

当你的存折或储蓄卡遗失,应立即带上身份证到开户银行以书面形式声明挂失。挂失时应提供你的姓名、存款时间、种类、金额、账号等有关资料。银行在确认该存款属实,并且还未被冒领的前提下,即可办理挂失手续。挂失银行会让你填写一张挂失人基本情况的书面申请,请你按申请单上的要求如实填写就可以了。

如果存款人没有时间亲自去挂失,可以委托他人到开户银行挂失,特殊情况下也可以打电话或以寄信的形式挂失,但挂失后5天内应补办正式书面申请,否则挂失自动失效。如果存款在挂失前或挂失失效后被他人冒领,银行不负责任。

10. 穿越马路时有哪些应当注意的地方?

(1) 红绿灯,红绿灯是疏导交通最常见的手段。它一般设置在十字路口,指示行人和车辆通过路口。在通过路口时,应遵守"红灯停、绿灯行"的法规,如果有交通管理员,要听从交通管理员的指挥。

(2) 人行横道,一般城市马路上都设有人行横道。这是专门供行人过马路时使用的。汽车遇到行人通过人行横道的

时候，会主动减速和避让。

（3）交通护栏。交通护栏是为分清来往车辆分道行驶而设置的有效的防护设施。在有交通护栏的地方，不能直接过马路，要走地下通道或过街天桥。跨越护栏是非常危险的，如果因为行人跨越护栏而造成交通事故，行人要承担大部分责任。

（4）过街天桥和地下通道。过街天桥和地下通道是保障过马路时的行人安全最有效的交通设施。在设有交通护栏，同时又没有路口的地方，就必须走过街天桥或地下通道。

案例：在某市发生了一起行人与汽车相撞的交通事故，造成行人当场死亡。经现场勘察发现，事故是由于行人翻越马路中间的隔离路障造成的。死者从农村来到城市打工不到半年，一个好端端的年轻人，就这样被交通事故夺去了生命。

11. 如何乘坐公交车？

看好公交车的类型，城市中公交车按档次分为空调车、普通车等等，售票方式有自动投币、售票员现场售票及刷卡等方式，收费也有固定收费和按里程收费等方式，一般来说，车的档次越高，价格也越高。

选好乘车路线，乘车前应对照地图，或通过问路，弄明白乘车路线、自己所在地和目的地的地名，如果要去的地方没有直达车，要提前设计好最佳的换乘方式。

防止坐过站，如果不小心坐过站，既耽误时间又多花车钱，所以要特别小心。一般公交车上都有报站服务，请仔细听好。如果担心坐过站的话，可礼貌的告诉售票员自己的目的地，请售票员到时提示自己下车。

提示：城市中公共汽车多是往返车次，上车前一定要看好是不是自己想要去的那个方向，不要坐反方向的车。

12. 如何乘坐地铁与城铁交通工具？

地铁和城铁都是在城市地下或地面建设的轨道交通。地铁与城铁环境清洁、速度快，不受天气和堵车的影响，能保证安全准时地到达目的地。

各个城市中乘坐地铁的购票方式不太一样，有些城市的地铁提供自动售票的服务，在自动售票机（TVM）触摸屏上选择目的地车站，按下目的地站名，通过显示屏依次选择票种、购买张数后，应付的金额将显示在显示屏上。从投币口放入足额的纸币、硬币，自动售票机将自动从取票口发售车票并找零钱。若投入的钱币机器不能识别，硬币从取票口退回，纸币从退币口退回。如果不习惯使用自动售票机，则可以到一旁的售票问询处购买，那里有工作人员现场售票。在北京除了在专门的售票窗口购票外，还可以使用一卡通 IC 卡刷卡进站。

在站台等车的时候要站在车站画出的黄线之后，越过黄线很容易失足掉下站台。带小孩的乘客更要注意孩子的安全，站台下的铁轨上有很强的电压，即使是地铁列车没有开来的时候，掉下站台也是非常危险的。

13. 购买火车票时有哪些注意事项？

乘火车前应到火车站购买车票，一定要注意提前打听好您所前往地区的车站名称、车次和价格。中国的很多地名相同或类似，很多人的语言带有地方口音，买票时一定要表达清楚你的目的地，也可以事先把要去的目的地写在纸上，递给售票员。

买票之后如果不能按时上车，只能去专门的窗口退票。退票要交退票费，既费时又费钱。所以尽量提前安排好，避免退票。

城市购买火车票可以在车票代售点购票，但一定要到正规的铁路售票处，那里一般悬挂代售处名称的统一标牌，明码标价，收取一定的订票服务费，能够当时出票。不要从票贩子那里买票，倒卖车票是违法行为，从票贩子手里很容易买到假票。

14. 乘火车时，对行李有哪些要求？

旅客携带品免费重量为：成年人 20 公斤、小孩 10 公斤。携带品的长度和体积要适于放在行李架上或座位下边。易爆易燃危险品、防碍公共卫生及污染车辆的物品都不能带入车内。

15. 遭到偷盗或抢劫怎么办？

（1）紧急拨打"110"。"110"是国家为及时打击犯罪行为而设置的专业报警服务台,全天候接受公民的报警和求助。打"110"是最为快捷有效的一种报警方式。需要注意的是,报警内容要具体确切,如案件发生的时间、地点、犯罪分子的人数、特点、作案工具,以及你的位置、联系方式等。

(2)就近迅速报警。如果你身边没有电话,或者遇到现行侵害情况危急,要到距自己最近或最方便的公安机关报警。如果在报警途中遇到值勤的巡警、交警,也可以向他们求助。

(3)如果你被盗抢的是手机,要及时到有关部门办理停机手续,也可以拨打电话办理停机:中国移动的客服电话是10086,中国联通的客服电话是10010。当存折、银行卡丢失,要在第一时间到银行办理挂失,防止钱财被挪用。

(4)注意保护现场。报警完毕后,被侵害人或目击者应在现场等候民警的到来。对一些杀人、抢劫、盗窃等案件现场,还要及时采取保护措施,在民警到来之前,除搭救伤员外,不要让任何人进入。

重点:一方面要了解务工前需要办理哪些手续及做好哪些方面的准备,另外一方面要学会适应城市生活,要了解吃、穿、住、行等各个方面的基本生活常识。

二、劳动与社会保险

（一）劳动合同

1. 什么是劳动合同？

劳动合同是劳动者与用人单位确立劳动关系，明确双方权利和义务的协议。

2. 签订劳动合同的重要作用是什么？

（1）签订劳动合同可以强化用人单位和劳动者双方的守法意识。签订劳动合同，劳动者和用人单位之间就有了一个具有法律约束力的协议。在劳动过程中，用人单位依据劳动合同管理员工，行使权利和履行义务，员工也依据劳动合同保护自身的权益、履行相应的义务。

（2）签订合同可以有效地维护用人单位与劳动者的合法权益。劳动合同都要规定一定的期限，在合同期内，用人单位和劳动者都不能随意解除劳动合同。

（3）签订劳动合同有利于及时处理劳动争议，维护劳动者的合法权益。如果没有劳动合同，劳动者可能会在工资收入、工资发放、工作时间长短、工作条件等方面与用人单位发生争议时，由于没有证据而遭受损失。

提示：劳动合同一经书面签订，即具有法律约束力。

3. 签订劳动合同的基本原则是什么？

签订劳动合同要遵循平等、自愿、协商一致的原则，不得违反法律与行政法规的规定。

4. 农民工签订劳动合同应注意的事项有哪些?

(1) 从事建筑施工的务工人员应与企业签订劳动合同。

(2) 订立劳动合同时,用人单位不得向劳动者收取定金、保证金或扣留居民身份证。

(3) 要学会辨认无效劳动合同。无效劳动合同是指不具有法律效力的劳动合同。根据国家《劳动合同法》的规定,违反法律、行政法规的劳动合同;采取欺诈、威胁等手段订立的劳动合同或者用人单位免除自己的法定责任、排除劳动者权利的劳动合同都是无效劳动合同。劳动合同是否有效要由劳动争议仲裁委员会或人民法院确认。

(4) 由于建筑企业一般是按项目进度结算来支付工资的,因此,在合同中要明确按月支付或按进度支付的工资比例和绝对金额。

(5) 劳动合同应至少一式两份,签订后劳动者应持有一份,妥善保存。

5. 国家对农民工签订劳动合同有什么重要规定?

通过劳动合同确立用人单位与农民工的劳动关系,是维护农民工合法权益的重要措施。根据国家劳动和社会保障部、建设部、全国总工会《关于加强建设等行业农民工劳动合同管理的通知》的规定,用人单位使用农民工,应当依法与农民工签订书面劳动合同,并向劳动保障行政部门进行用工备案。签订劳动合同应当遵循平等自愿、协商一致的原则,用人单位不得采取欺骗、威胁等手段与农民工签订劳动合同,不得在签订劳动合同时收取抵押金、风险金或扣留居民身份证等证件。

提示: 当用人单位与农民工发生纠纷时,劳动合同就成为处理双方争议的重要法律文件，因此，劳动合同不是可订可不订的事，而是建立劳动关系依法办事的要求。

6. 农民工应该和什么单位签订劳动合同？

劳动合同必须由具备用工主体资格的用人单位与农民工本人直接签订，不得由他人代签。建筑领域工程项目部、项目经理、施工作业班组、包工头等不具备用工主体资格，不能作为用工主体与农民工签订劳动合同。

一定要和有用工资格的正规单位签订劳动合同

案例：某建筑公司承包某装修工程，装修期限一年，招用一批建筑工人，包工头与这批工人签订劳动合同，期限一年。四个月后，工人们因工作太累加之正要过春节，不辞而别。导致该装修工程未完工。公司向当地劳动争议仲裁委员会提出申诉，要求追究这批农民工的违约责任，赔偿因他们不辞而别给企业造成的经济损失。仲裁委员会调查后，驳回了公司的请求。

这是一起因劳动者不辞而别导致用人单位遭受损失而引发的劳动争议。本案的关键在于劳动合同的签订主体不合法。根据劳动法律法规的规定，签订劳动合同的双方当事人都应当具备合法的主体资格，用人单位必须是能够依法履行劳动合同规定的义务，具有法人资格或能够独立承担民事责任的单位或组织，劳动者必须是具有劳动行为能力并能够履行劳动义务的符合法人条件的人。本案中，包工头不具备法人主体资格，对外也不具有独立承担责任的能力，其与工人们签订的劳动合同，因主体不合法而无效。无效的劳动合同，从订立的时候起，就没有法律约束力。在此案中，虽然工人们不辞而别的做法是错误的，但公司却不能依据无效劳动合同来追究工人们的违约责任。所以，仲裁委员会驳回公司请求的裁定是正确的。

7. 农民工签订的劳动合同主要应该有哪些内容？

用人单位与农民工签订劳动合同，应当包括以下条款：劳动合同期限、工作内容和工作时间、劳动保护和保障、劳动条件、劳动报酬、劳动纪律和违反劳动合同的责任。根据不同岗位的特点，用人单位与农民工协商一致，还可以在劳动合同中约定其他条款。

8. 什么样的劳动合同是无效或者部分无效的劳动合同？

根据国家《劳动合同法》的规定，下列劳动合同属于无效劳动合同：

（1）违反法律、行政法规的劳动合同；

（2）用人单位免除自己的法定责任、排除劳动者权利的劳动合同；

（3）采取欺诈、威胁等手段订立的劳动合同。

提示：劳动合同的无效，由劳动争议仲裁委员会或者人民法院确认。

9. 单位招聘临时工就可以不签劳动合同吗?

1996年11月,原劳动部办公厅在《〈关于临时工的问题的请示〉的复函》中进一步明确,用人单位在临时性岗位上用工,应当与劳动者签订劳动合同并依法为其建立各种社会保险,使其享有相关的福利待遇,但在劳动合同的期限上可以有所区别。

案例:某建筑公司因电气岗位的员工休病假,临时招聘小王负责工地的电气工作,在工作期间,小王发现公司并没有表示要跟自己签订劳动合同,也不答应为其缴纳社会保险金。小王到公司的人事部门咨询,负责人告诉小王,公司历来没有与临时工签订劳动合同的传统,只负责按月发给临时工工资,只有正式的员工公司才与其签订劳动合同。那么根据法律规定,用人单位不与临时工小王签订劳动合同的做法是否正确呢?

临时岗位上的职工,除了在劳动期限上有所区别以外,与其他的劳动者享有同样的权利,用人单位应当与劳动者签订劳动合同并使其享受相关的福利待遇。

10. 没有订立书面劳动合同的,劳动关系如何确认?

根据国家劳动和社会保障部《关于确立劳动关系有关事项的通知》规定,用人单位招用劳动者未订立书面劳动合同,但同时具备下列情形的,劳动关系成立:

(1)用人单位和劳动者符合法律、法规规定的主体资格;

(2)用人单位依法制定的各项劳动规章制度适用于劳动者,劳动者受用人单位的劳动管理,从事用人单位安排的有报酬的劳动;

(3)劳动者提供的劳动是用人单位业务的组成部分。

提示:劳动者与用人单位就是否存在劳动关系引发争议的,可以向有管辖权的劳动争议仲裁委员会申请仲裁。

11. 如何确认与用人单位存在劳动关系?

用人单位未与劳动者签订劳动合同,认定双方存在劳动关系时可参照下列凭证:

(1)工资支付凭证或记录(职工工资发放花名册)、缴纳各项社会保险费的记录;

(2)用人单位向劳动者发放的"工作证"、"服务证"等能够证明身份的证件;

(3)劳动者填写的用人单位招工招聘"登记表"、"报名表"等招用记录;

(4)考勤记录;

(5)其他劳动者的证言等。

12. 劳动合同条款违法，若劳动者自愿签订，该条款是否有效？

劳动合同条款应符合法律的规定，即使是劳动者自愿签订的，违反法律规定的合同条款也是无效的合同条款。在劳动合同中，用人单位制定合同条款必须符合法律、法规的规定。并不是任何写进合同的条款法律都是承认的，合同的外衣并不能让一些违法的条款合法化。

13. 员工给用人单位造成经济损失，是否可按相关规定扣罚工资？

《工资支付暂行规定》的规定，因劳动者本人原因给用人单位造成经济损失的，用人单位可按照劳动合同的约定要求其赔偿经济损失。经济损失的赔偿，可从劳动者本人的工资中扣除。但每月扣除的部分不得超过劳动者当月工资的20％。若扣除后的剩余工资部分低于当地月最低工资标准，则按最低工资标准支付。

14. 用人单位约束员工的规定是否需合法？

无论是什么规章制度，都必须与劳动合同的约定和国家法律、法规的规定相符合，任何与劳动合同和法律、法规相抵触的规章制度条款都属无效。用人单位不能以这样的规章制度去约束劳动者的行为。

15. 用人单位违法分包工程，由谁承担用工主体责任？

根据国家劳动和社会保障部《关于确立劳动关系有关事项的通知》规定，建筑施工、矿山企业等用人单位将工程（业务）或经营权发包给不具备用工主体资格的组织或自然人，对该组织或自然人招用的劳动者，由具备用工主体资格的发包方承担用工主体责任。

16. 什么情况下劳动者可以解除劳动合同？

根据有关法律规定，劳动者可以和用人单位协商解除劳动合同，也可以在符合法律规定的情况下单方解除劳动合同。劳动者单方解除劳动合同主要包括：

《劳动合同法》规定，劳动者解除劳动合同，应当提前30日以书面形式通知用人单位，劳动者在试用期内提前三日通知用人单位，可以解除劳动合同。这是劳动者解除劳动合同的条件和程序，劳动者这样做无须征得用人单位的同意，用人单位应及时办理有关解除劳动合同的手续。但是，如果由于劳动者违反劳动合同有关约定给用人单位造成经济损失的，应当根据有关规定及劳动合同的约定，由劳动者承担赔偿责任。

《劳动合同法》规定：有下列情形之一的，劳动者可以随时通知用人单位解除劳动合同：

（1）未按照劳动合同约定提供劳动保护或者劳动条件的；

（2）未及时足额支付劳动报酬的；

（3）未依法为劳动者缴纳社会保险费的；

（4）用人单位的规章制度违反法律、法规的规定，损害劳动者权益的；

（5）因本法第二十六条第一款规定的情形致使劳动合同无效的；

（6）法律、行政法规规定劳动者可以解除劳动合同的其他情形。

用人单位以暴力、威胁或者非法限制人身自由的手段强迫劳动者劳动的，或者用人单位违章指挥、强令冒险作业危及劳动者人身安全的，劳动者可以立即解除劳动合同，不需事先告知用人单位。

17. 用人单位能否因客观情况变化不能履行原劳动合同为由擅自解除劳动合同吗？

根据《劳动合同法》的规定："劳动合同订立时所依据的客观情况发生重大的变化，致使原劳动合同无法履行，经用人单位与劳动者协商，未能就变更劳动合同内容达成协议的，用人单位提前三十日以书面形式通知劳动者本人或者额外支付劳动者经济补偿后，可以解除劳动合同。"因此，对于此类因客观情况变化而不能履行原劳动合同的争议，首先双方应当协商解决，协商不成的，单位在解除劳动合同后，应当给予劳动者经济补偿。

案例：赵某与某建筑公司签订了为期两年的劳动合同。一年后因公司经济问题，暂停该工地建设，公司单方面通知赵某准备与之解除劳动合同。赵某觉得劳动合同的期限还未满，公司无权要求解除合同，因此对此表示异议，要求公司继续履行合同，并愿意服从单位其他工作岗位的安排。但是公司未接受赵某的请求。赵某不服，向当地的劳动仲裁委员会提出了申诉，要求公司撤销决定，继续履行劳动合同。

对于因客观情况发生变化而不能履行原劳动合同的，首先应当双方协商解决，对劳动合同作出变更安排，协商不成的，公司在解除劳动合同后，应当给予劳动者经济补偿。

18. 什么情况下，劳动合同期满用人单位也不得终止劳动合同？

根据国家有关法律法规规定，劳动合同期满或者当事人约定的劳动合同终止条件出现，劳动合同即行终止。但是符

合下列条件之一的,即使劳动合同期满,用人单位也不得终止劳动合同:

(1)《工会法》规定,基层工会专职主席、副主席或者委员自任职之日起,其劳动合同期限自动延长,延长期限相当于其任职期间;非专职主席、副主席或者委员自任职之日起,其尚未履行的劳动合同期限短于任期的,劳动合同期限自动延长至任期期满。但是,任职期间个人严重过失或者达到法定退休年龄的除外。

(2)劳动保障部等部门《关于进一步推行平等协商和集体合同制度的通知》规定,参与集体协商签订集体合同的职工协商代表在任期内,劳动合同期满的,企业原则上应当与其续签劳动合同至任期届满。职工代表的任期与当期集体合同的期限相同。

(3)原劳动部《关于贯彻执行〈中华人民共和国劳动法〉若干问题的意见》规定,除劳动法第二十五条规定的情形外,劳动者在医疗期、孕期、产期和哺乳期内,劳动合同期限届满时,用人单位不得终止劳动合同。劳动合同的期限应自动延续至医疗期、孕期、产期和哺乳期期满为止。

(4)《工伤保险条例》规定,用人单位不得终止伤残程度为1~6级的工伤职工的劳动合同。不过,伤残程度为5级或6级的,经工伤职工本人提出,该职工可以与用人单位解除或者终止劳动关系,由用人单位支付一次性工伤医疗补助金和伤残就业补助金。

(5)《职业病防治法》规定,用人单位对未进行离岗前职业健康检查的劳动者不得解除或者终止与其订立的劳动合同;用人单位在疑似职业病病人诊断或者医学观察期间,不得解除或者终止与其订立的劳动合同。

19. 用人单位违法解除劳动合同的,应承担什么责任?

根据有关法律法规规定,劳动合同一旦生效,即具有法律约束力,非依法律规定,当事人不得随意解除劳动合同。用人单位违法解除劳动合同的,由劳动保障行政部门责令改正;对劳动者造成损害的,应当承担赔偿责任。用人单位解除与劳动者的劳动合同,应当根据劳动者在本单位的工作年限,每满一年发给相当于一个月工资的经济补偿金。

提示:经济补偿金的工资计算标准是指企业正常生产情况下劳动者解除合同前 12 个月平均工资。用人单位依据规定解除劳动合同时,劳动者的月平均工资低于企业月平均工资的,按企业月平均工资的标准支付。

案例:冯某与某建筑公司订立了一年的劳动合同,因快到春节,工地缺少工人,企业在未与劳动者协商的情况下,将原合同终止日期延长了一年。冯某于合同期满时,被另一企业录用。合同到期时,冯某表示自己不再续订劳动合同,公司以劳动合同期限已延长一年为由,不同意解除合同,双方因此发生争议。冯某遂向劳动争议仲裁委员会申请仲裁。

经劳动争议仲裁委员会调解，双方达成调解协议，双方签订的劳动合同按原来的约定的日期终止。在本案中，公司单方变更正在履行的劳动合同期限的行为违反了法律法规的规定。劳动合同的订立和变更，应当遵循平等自愿、协商一致的原则，变更劳动合同期限既是变更劳动合同，同样应当遵循平等自愿、协商一致的原则。

20. 用人单位故意拖延不订立劳动合同，有什么法律后果？

《劳动合同法》规定，建立劳动关系后，1个月之内必须签约，3个月到1年之内未签约的，赔偿双倍工资；超过一年不签约的，自动视为与劳动者签订无固定期限劳动合同。

提示：农民工要注意使用这一条款保护自己。

21. 劳动者在劳动合同期内不辞而别是否要承担法律责任？

劳动合同依法签订即具有法律约束力，当事人必须履行劳动合同规定的义务。《劳动合同法》规定："劳动者解除劳动合同，应当提前三十日以书面形式通知用人单位。"因此，劳动者自行离职不辞而别，显然违反《劳动合同法》的规定，是一种违约行为。劳动者违反规定或者劳动合同的约定解除劳动合同，给用人单位造成经济损失的，应当承担赔偿责任，法律另有规定的除外。

案例：农民工孙某与某企业签订了为期一年的劳动合同。工作三个月，孙某感到自己不适合这种工作，于是向企业提出要解除劳动合同。企业不同意，认为孙某单方提前解除合同属于违约行为，应当赔偿企业损失，并向企业支付违约金。孙某在咨询了劳动行政部门后，提前一个月将提前解除劳动合同的要求以书面形式通知了用人单位。在一个月后,孙某到另一家企业工作。原企业向劳动争议仲裁委员会提出仲裁申请,要求孙某赔偿企业的损失和支付违约金。仲裁委员会调查后,驳回了企业的申请。

这是一起因劳动者单方提前解除劳动合同引发的劳动争议。从案情看,企业的要求是没有法律依据的。这说明,劳动者要求解除劳动合同,包括提前解除劳动合同,只要提前30天通知用人单位,在过了30天后,劳动者与用人单位的劳动合同就解除了,并不需要向用人单位支付违约金。如果劳动者违法解除劳动合同给原用人单位造成经济损失,应当承担赔偿责任。可见,只要劳动者依法行使单方解除劳动合同或单方提前解除劳动合同的权利,而不是违法解除劳动合同,就不需要对企业进行"赔偿"。

22. 如何确定农民工的劳动期限?

用人单位经批准招用农民工,其劳动合同期限可以由用人单位和劳动者协商确定。

23. 未满16周岁的未成年人是否可以就业?

根据《禁止使用童工规定》的规定，禁止用人单位招用未满16周岁的未成年人，禁止任何单位或者个人为不满16周岁的未成年人介绍就业，禁止不满16周岁的未成年人开业从事个体经营活动。违反以上规定的，都要依法进行处罚，触犯刑律的，要依法追究刑事责任。

案例：王小军初中毕业后刚满15岁，因为家庭贫困，被迫辍学回家，后跟随舅舅外出打工，在广州一工地打工。公司与其签订了一份三年期的劳动合同，小军之前已经告知公司其年龄为15岁，但是公司却要求小军在劳动合同中注明自己的年龄为17岁。

该公司的做法是违反国家法律的，根据有关法律的规定法定就业年龄为16岁。劳动者年龄未满16岁，不具备签订劳动合同主体资格，因此与单位的劳动合同是无效的，用人单位要承担非法使用童工的责任。

（二）工　　资

1. 职工工资具体由哪几部分组成？

根据《关于工资总额组成的规定》，职工的工资总额是指各单位在一定时期内直接支付给本单位全部职工的劳动报酬总额，职工工资总额的计算应以直接支付给职工的全部劳动报酬为根据。具体的说，工资总额由下列六个部分组成：计时工资、计件工资、奖金、津贴和补贴、加班工资、特殊情况下支付的工资。

2. 劳动工资如何支付？何时支付？

（1）工资支付应当以法定货币（即人民币）形式支付，不得以实物或有价证券替代货币支付。

(2) 用人单位应将工资支付给劳动者本人，本人因故不能领取工资时，可由其亲属或委托他人代领。

(3) 用人单位可直接支付工资，也可委托银行代发工资。

(4) 工资必须在用人单位与劳动者约定日期支付，如遇节假日、休息日，应提前支付。

(5) 工资至少每月支付一次。实行周、日、小时工资制的可按周、日、小时支付工资；对完成一次性临时劳动或某项具体工作的劳动者，用人单位应按有关协议或合同规定在其完成劳动任务后立即支付工资。

(6) 劳动关系双方依法解除或终止劳动合同时，用人单位应一次性付清劳动者工资。

(7) 用人单位必须书面记录支付劳动者工资的数额、时间、领取者的姓名以及签字，并保存两年以上备查。

(8) 用人单位在支付工资时应向劳动者提供一份其个人的清单。

3. 延期支付工资的劳动合同条款是否受法律保护？

延期支付工资的劳动合同条款不受法律保护。企业若有切实证据证明其经营状况不佳或遭遇不可抗力而难以支付劳动者约定的报酬，可按照有关规定暂时延缓支付工资。如果企业无故拖欠劳动者工资，则即使有同意延期支付工资的合同条款，也是无效的，劳动部门可以责令企业支付劳动者工资，并可责令其支付劳动者赔偿金。

4. 劳动合同解除时未到单位规定的发放工资时间可以要求单位发放工资吗？

《工资支付暂行规定》规定，劳动关系双方依法解除或终止劳动合同时，用人单位应在解除或终止劳动合同时一次付清劳动者工资，而不应当等到单位规定的工资发放时间再向劳动者支付工资。

5. 患病请假期间单位有权停发职工工资吗?

职工生病时,单位除了应当依法给予医疗期以外,还应当支付职工在医疗期内的工资。具体标准可以低于患病职工的正常工资,也可以低于当地的最低工资标准,但不得低于最低工资标准的80%,否则就是违反了国家的规定。

6. 工资标准的高低可以由劳动合同当事人随意约定吗?

用人单位和劳动者签订劳动合同时虽然可以对具体的工资标准进行协商,但其具体标准不得低于国家规定的最低工资标准,否则就要承担相应的法律责任。

案例:某建筑公司到一农村招用了一批农民工,由于想要务工的人很多,公司就压低了工资标准,与这些工人约定,每人每月工资500元。半年后,单位所在劳动保障监察部门找上门来,对该公司实施处罚并补发工人工资,理由是公司向工人支付的工资低于当地的600元的最低工资标准。

7. 国家对最低工资有什么主要规定?

国家实行最低工资保障制度。在劳动者提供正常劳动的情况下,用人单位应支付给劳动者的工资在剔除下列各项以后,不得低于当地最低工资标准:

(1) 延长工作时间工资;

(2) 中班、夜班、高温、低温、井下、有毒有害等特殊工作环境、条件下的津贴;

(3) 法律、法规和国家规定的劳动者福利待遇等。

实行计件工资或提成工资等工资形式的用人单位,在科学合理的劳动定额基础上,其支付劳动者的工资不得低于相应的最低工资标准。

劳动者与用人单位形成或建立劳动关系后,试用、见习期间，在法定工作时间内提供了正常劳动，其所在的用人单位应当支付其不低于最低工资标准的工资。

在非全日制劳动者提供正常劳动的情况下，用人单位支付的小时工资不得低于当地小时最低工资标准。

提示：劳动者由于本人原因造成在法定工作时间内或依法签订的劳动合同约定的工作时间内未提供正常劳动的，不适用于上述规定。

8. 最低工资标准里的工资应当包含延长工作时间的工资吗？

在通常情况下，劳动合同约定的工资标准或者法律规定的工资标准都是劳动者在提供正常劳动时应当得到的工资。在特殊情况下，比如劳动者加班时，或者上夜班时，或者劳动者在特别艰苦的条件下工作时，由于劳动者付出了额外的特别劳动，用人单位在此情况下就应当向劳动者提供一定的加班工资、津贴或者补助都不应包括在其正常工资范围之内。

9. 因劳动者请假致使其实际工资低于最低工资标准，用人单位是否应承担责任？

国家制定最低工资标准的目的主要是为了防止用人单位非法侵犯劳动者的合法权益，但在保护劳动者利益的同时，国家也应当保护用人单位的合法权益，不能强制性地规定劳动者的工资无论什么情况下都不应低于最低工资标准。如果劳动者因为其自身原因没有提供正常劳动，就不能要求用人单位提供正常情况下的工资，因此，可以不适用最低工资标准的规定。

案例：老赵就职于某单位，2006年11月，由于其家中有些事情需要处理，老赵就向单位请了一个月的假，事情处理完毕后，老赵就及时回单位上班。月底发工资时，单位依照规定扣除假期工资后,所发工资低于当地最低工资标准。因此,老赵认为单位违反了国家关于最低工资标准的规定,准备向单位讨个说法。

因劳动者请假致使其实际工资低于最低工资标准的单位不应当承担责任,老赵的想法是错误的。

10. 用人单位向劳动者提供低于最低工资标准的工资应当承担什么责任?

根据《违反〈中华人民共和国劳动法〉行政处罚办法》规定,用人单位低于最低工资标准支付劳动者工资侵害劳动者合法权益的,劳动行政部门应当责令该用人单位向劳动者依法支付工资报酬,并可责令按相当于支付劳动者工资报酬、经济补偿总和的1~5倍支付劳动者赔偿金。

11. 用人单位不得无故拖欠或克扣劳动者工资

"无故拖欠工资"是指用人单位无正当理由超过规定付

薪时间而未支付劳动者工资;"克扣工资"是指用人单位无正当理由扣减劳动者应得的工资(即在劳动者已提供正常劳动的前提下用人单位按劳动合同规定的标准应当支付给劳动者的全部劳动报酬)。用人单位不得违反《劳动法》等规定,无故拖欠或克扣劳动者工资。

12. 用人单位拖欠工资怎么办?

在用人单位拖欠工资的情况下,劳动者要先和用人单位协商,如果协商无法解决,则可以通过以下法律途径来解决:

(1)向当地劳动保障监察机构投诉举报;

(2)向当地劳动争议仲裁委员会申请仲裁,需要注意的是,要在劳动争议发生之日起60日内向劳动争议仲裁委员会提出书面申请;

(3)通过诉讼途径解决。包括,一是针对劳动纠纷案件,经劳动仲裁后任何一方不服的,可以向法院提起诉讼;二是经仲裁后都服从,劳动仲裁裁决生效后,用人单位不执行的,农民工可申请法院强制执行;三是属于劳务欠款类的可直接向法院提起民事诉讼。

需要特别指出的是,在碰到拖欠工资等权益受到侵害的情况时,千万不能采取爬楼、堵路等过激行为和暴力等手段,一定要依靠法律途径来解决问题。否则,一时冲动不但于事无补,还有可能因触犯刑律被追究责任。

13. 劳动者追讨拖欠工资时须准备和提交哪些资料?

(1)与用工单位签订的劳动合同;

(2)被拖欠工资数额的有效证明;

(3)所提供劳务的有关信息:工种、作业量、起止日期;

（4）所提供劳务的工程信息：工程所在地、工程名称、工程总承包、劳务分包单位及项目经理名称。

14. 用人单位什么情况下扣减工资不属于"克扣"劳动者工资？

《工资支付暂行规定》中所称"克扣"系指用人单位无正当理由扣减劳动者应得工资，不包括以下减发工资的情况：

（1）国家的法律、法规中有明确规定的；

（2）依法签订的劳动合同中有明确规定的；

（3）用人单位依法制定并经职代会批准的厂规、厂纪中有明确规定的；

（4）企业工资总额与经济效益相联系，经济效益下浮时，工资必须下浮的（但支付给劳动者工资不得低于当地的最低工资标准）；

（5）因劳动者请事假等相应减发工资等。

案例：小江由于违反工作程序操作机器，给公司造成2000元的经济损失，公司让他承担这一损失，通知他每个月只发150元生活费，其余650元被扣除用于赔偿损失。小江感到150元很难维持他的生活开销。为此，他向劳动部门反映情况。

经劳动部门调解，公司同意每月只扣除小江工资150元，发放650元生活费，以保证小江的基本生活要求。《工资支付暂行规定》规定：因劳动者本人原因给用人单位造成经济损失的，用人单位可按照劳动合同的约定要求其赔偿经济损失。经济损失的赔偿，可从劳动者本人的工资中扣除。但每月扣除的部分不得超过劳动者当月工资的20%。若扣除后的剩余工资部分低于当地月最低工资标准，则按最低工资标准支付。小江单位的扣除比例已经超过20%，违反相关规定，需要改正。

15. 建筑企业将农民工的工资发放给"包工头"是否违法？

《建设领域农民工工资支付管理暂行办法》明确规定，企业应将工资直接发放给农民工本人，严禁发放给"包工头"或其他不具备用工主体资格的组织和个人。因此，对于农民工的工资，用人单位应当直接向农民工本人发放，在本人因故不能领取时，可以由他人代为领取，但代领人必须是经过了劳动者本人的授权或者委托，除上述人员外，任何人没有权利代领劳动者的工资。

重点：企业应将工资直接发放给农民工本人，严禁发放给"包工头"或其他不具备用工主体资格的组织和个人。

16. 工程分包商携带工程款逃匿后劳动者的工资向谁索取？

如果总承包企业将工程分包给了具有用工主体资格的组织或个人，那么在此情况下的实际用工者就是这些分包的组织或者个人，因此，劳动者只能向用工者要求支付工资。但如果具有用工主体资格的用工者逃跑或者没有实际支付能力，劳动者可以要求发包人在欠付工程款范围内承担支付工资的责任。

17. 劳动和社会保障部门受理农民工的工资违法举报吗？

《建设领域农民工工资支付管理暂行办法》规定，农民工发现企业有下列情形之一的，有权向劳动和社会保障行政部门举报：

（1）未按照约定支付工资的；

（2）支付工资低于当地最低工资标准的；

（3）拖欠或克扣工资的；

（4）不支付加班工资的；

（5）侵害工资报酬权益的其他行为。

因此，对于符合上述规定的侵犯农民工工资利益的行为，农民工都可以依法向劳动和社会保障行政部门举报，对于农民工依法进行的举报，劳动和社会保障部门都应当受理。

18. 非全日制用工劳动者的工资应当如何发放？

《关于非全日制用工若干问题的意见》规定，对于非全日制劳动者，其工资发放应当遵守以下规定：

一是用人单位应当按时足额支付非全日制劳动者的工资，并且用人单位支付非全日制劳动者的小时工资不得低于当地政府颁布的小时最低工资标准；

二是非全日制用工的小时最低工资标准由省、自治区、直辖市规定，并报劳动保障部备案；

三是非全日制用工的工资支付可以按小时、日、周或月为单位结算。

19. 国家对建筑业企业支付农民工工资有什么规定？

根据《建设领域农民工工资支付管理暂行办法》规定，建筑业企业必须依法按时足额支付农民工工资，不得拖欠或克扣，不得低于当地最低工资标准。企业应当按照约定的标准和日期按月将工资直接发放给农民工本人，严禁发放给"包工头"或其他不具备用工主体资格的组织和个人。企业可委托银行发放农民工工资。企业支付农民工工资应编制工资支付表，如实记录支付单位、支付时间、支付对象、支付数额等工资支付情况，并保存两年以上备查。

工程总承包企业应对劳务分包企业工资支付进行监督，督促其依法支付农民工工资。业主或工程总承包企业未按合同约定与建设工程承包企业结清工程款,致使建设工程承包企业拖欠农民工工资的,由业主或工程总承包企业先行垫付农民工被拖欠的工资,先行垫付的工资数额以未结清的工程款为限。企业因被拖欠工程款导致拖欠农民工工资的,企业追回的被拖欠工程款,应优先用于支付拖欠的农民工工资。

提示:这几年来,许多地方都成立了"清欠办",每到年底集中清欠,各地都公布了劳动保障监察举报电话。农民工索讨不到工钱,最好还是找政府、找执法机构及相关社会中介机构帮助解决。最近,中华全国总工会表示:"农民工有困难找工会",这对农民工来说是福音。

20. 企业违法分包工程的,由发包方还是分包方承担支付劳动者工资的责任?

《关于加强建设等行业农民工劳动合同管理的通知》规定,劳动合同必须由具备用工主体资格的用人单位与农民工本人直接签订,不得由他人代签。《关于确立劳动关系有关事项的通知》规定,建筑施工、矿山企业等用人单位将工程(业务)或经营权发包给不具备用工主体资格的组织或自然人,对该组织或自然人招用的劳动者,由具备用工主体资格的发包方承担用工主体责任。因此,对于发包人将工程分包给不具备用工主体资格的组织或自然人,应当由发包方承担用工主体责任。

(三)社会保险

1. 什么是社会保险?社会保险可以提供哪些保障?

社会保险,是国家用立法的方式强制征集专门资金,用于保障劳动者在暂时或者永久丧失劳动能力,或在工作中断期间基本生活需求的一种物质帮助制度。

按照〈社会保险费征缴暂行条例〉等有关规定，城镇各类企业职工\个体工商户和灵活就业人员，包括农民工，都应该参加基本养老保险

我国社会保险制度主要包括以下内容：
（1）退休保险制度。基本退休保险基金由国家、企业和职工个人分别负担。退休保险制度实行基本退休保险、企业补充保险和职工个人储蓄性保险三者的结合，退休保险基金实行省级统筹；
（2）失业保险制度。失业保险基金由企业缴纳的失业保险费及其利息和财政补贴构成，失业保险基金实行县级统筹；
（3）医疗保险制度；
（4）工伤保险制度。这主要包括因工负伤后的医疗待遇、生活待遇，因工死亡之后的补助，抚恤待遇及工伤保险基金的提取和使用等；

（5）生育保险制度。这是对女职工因生育而暂时中断劳动时所进行的社会救济。

2. 国家对农民工参加基本养老保险是怎样规定的？

按照《社会保险费征缴暂行条例》等有关规定，城镇各类企业职工、个体工商户和灵活就业人员，包括农民工，都应该参加基本养老保险。各地在具体操作中，对参加养老保险的农民合同制职工，在与企业终止或解除劳动关系后，由社会保险经办机构保留其养老保险关系，保管其个人账户并计息，凡重新就业的，应接续或转移养老保险关系；也可按照省级政府的规定，根据农民合同制职工本人申请，将其个人账户个人缴费部分一次性支付给本人，同时终止养老保险关系，凡重新就业的，应重新参加养老保险。

3. 参保人员流动时其基本养老保险基金如何转移？

参保人员流动时其基本养老保险基金可以依法转移。《关于企业职工基本养老保险基金转移问题的通知》规定：

（1）职工在统筹范围内流动时，只办理职工养老保险关系的转移，养老保险基金不转移；

（2）职工跨统筹范围流动时，应办理基本养老保险基金和职工养老保险关系的转移。

4. 农民合同制职工劳动合同关系终止后其养老保险应当如何处理？

根据劳动和社会保障部《关于完善城镇职工基本养老保险政策有关问题的通知》规定，参加养老保险的农民合同制职工在与企业终止或解除劳动关系后，由社会保险经办机构保留其养老保险关系，保管其个人账户并计息，凡重新就业的，应接续或转移养老保险关系；也可按照省级政府的规定，根据农民合同制职工本人申请，将其个人账户个人缴费部分一次性支付本人，同时终止养老保险关系，凡重新就业的，应重新参加养老保险。农民合同制职工在男年满60周岁、女年满55周岁时，累计缴费年限满15年以上的，可按规定领取基本养老金；累计缴费年限不满15年的，其个人账户全部储存额一次性支付给本人。

5. 国家对农民工参加基本医疗保险是怎样规定的？

根据国家法律规定，与用人单位形成劳动关系的农村进城务工人员有权参加医疗保险。各地在具体实施中，要根据农村进城务工人员的特点和医疗需求，合理确定缴费率和保障方式，解决他们在务工期间的大病医疗保障问题，用人单位要按规定为其缴纳医疗保险费。对在城镇从事个体经营等灵活就业的农村进城务工人员，可以按照灵活就业人员参保的有关规定参加医疗保险。据此，在已经将农民工纳入医疗保险范围的地区，农民工应当参加医疗保险，用人单位和农民工本人应依法缴纳医疗保险费，农民工患病时，可以按照规定享受有关医疗保险待遇。

6. 国家对农民工参加失业保险是怎样规定的？

根据《失业保险条例》规定，城镇企业事业单位招用的农民合同制工人应该参加失业保险，用人单位按规定为农民工缴纳社会保险费，农民合同制工人本人不缴纳失业保险费。单位招用的农民合同制工人连续工作满1年，本单位并已缴纳失业保险费，劳动合同期满未续订或者提前解除劳动合同的，由社会保险经办机构根据其工作时间长短，对其支付一次性生活补助。补助的办法和标准由省、自治区、直辖市人民政府规定。

7. 国家对农民工参加工伤保险是怎样规定的？

根据《工伤保险条例》等有关规定，用人单位必须为与之形成劳动关系的农民工及时办理参加工伤保险的手续，农民工本人和城镇企业职工一样，不缴纳工伤保险费；发生工伤的，劳动保障行政部门要依法进行认定。未参加工伤保险的企业，农民工发生工伤的，企业必须按照《工伤保险条例》规定的标准支付工伤费用。

对用人单位为农民工先行办理工伤保险的，各地经办机构应予办理；用人单位注册地与生产经营地不在同一统筹地区的，可在生产经营地为农民工参保；农民工受到事故伤害或患职业病后，在参保地进行工伤认定、劳动能力鉴定，并按参保地的规定依法享受工伤保险待遇。用人单位在注册地和生产经营地均未参加工伤保险的，农民工受到事故伤害或者患职业病后，在生产经营地进行工伤认定、劳动能力鉴定，并按生产经营地的规定依法由用人单位支付工伤保险待遇。

对跨地区流动就业的农民工，工伤后的长期待遇可试行一次性支付和长期支付两种方式，供工伤农民工选择，进一步方便农民工领取和享受工伤待遇。

8. 哪些情况属于工伤？

《工伤保险条例》规定，职工有下列情形之一的，应当认定为工伤：

（1）在工作时间和工作场所内，因工作原因受到事故伤害的；

（2）工作时间前后在工作场所内，从事与工作有关的预备性或者收尾性工作受到事故伤害的；

《工伤保险条例》规定，下列情形不得认定为工伤或者视同工伤：①因犯罪或者违反治安管理伤亡；②醉酒导致伤亡的；③自残或者自杀的。

（3）在工作时间和工作场所内，因履行工作职责受到暴力等意外伤害的；

（4）患职业病的；

（5）因工外出期间，由于工作原因受到伤害或者发生事故下落不明的；

（6）在上下班途中，受到机动车事故伤害的；

（7）法律、行政法规规定应当认定为工伤的其他情形。

按照《职业病防治法》的规定，职业病是指劳动者在职业活动中，因接触粉尘、放射性物质和其他有毒、有害物质等因素而引起的疾病。

职工有下列情形之一的，视同工伤：

（1）在工作时间和工作岗位，突发疾病死亡或者在48小

时之内经抢救无效死亡的;

(2) 在抢险救灾等维护国家利益、公共利益活动中受到伤害的;

(3) 职工原在军队服役,因战、因公负伤致残,已取得革命伤残军人证,到用人单位后旧伤复发的。

下列情形不得认定为工伤或者视同工伤:

(1) 因犯罪或者违反治安管理伤亡的;

(2) 醉酒导致伤亡的;

(3) 自残或者自杀的。

案例: 2006年11月,小万在工作时由于违反规程操作造成右手骨折。一个月后,小万向劳动和社会保障局申请工伤认定。在提交相关材料时,工作人员发现缺少单位应提供的营业执照和劳动关系证明,便告诉小万需要补齐。小万说,单位答应为他提供营业执照和劳动关系证明,但前提是他必须在填写工伤认定申请表时标明其受伤是违规操作所致。

单位的做法是不对的。《工伤保险条例》规定,在工作时间和工作场所内,因工作原因受到事故伤害的,应当认定为工伤。由此可见这一规定并未要求分清事故发生的责任问题。小万虽然有自己的过错,但他受伤确实是在工作时间和工作场所内因工作原因所致,因此,认定工伤不受事故责任限制,单位应当及时向小万提供相关的证明材料。

9. 怎样申请工伤认定?

根据《工伤保险条例》的规定,职工发生事故伤害或者按照职业病防治法规定被诊断、鉴定为职业病,所在单位应当自事故伤害发生之日或者被诊断、鉴定为职业病之日起30日内,向统筹地区劳动保障行政部门提出工伤认定申请。遇有特殊情况，经报劳动保障行政部门同意，申请时限可以适当延长。用人单位没有按前款规定提出工伤认定申请的，工伤职工或者其直系亲属、工会组织在事故伤害发生之日或者被诊断、鉴定为职业病之日起1年内，可以直接向用人单位所在地统筹地区劳动保障行政部门提出工伤认定申请。

提出工伤认定申请应当提交下列材料：①工伤认定申请表；②与用人单位存在劳动关系（包括事实劳动关系）的证明材料；③医疗诊断证明或者职业病诊断证明书（或者职业病诊断鉴定书）；工伤认定申请表应当包括事故发生的时间、地点、原因以及职工伤害程度等基本情况。工伤认定申请人提供材料不完整的，劳动保障行政部门应当一次性书面告知工伤认定申请人需要补正的全部材料。申请人按照书面告知要求补正材料后，劳动保障行政部门应当受理。

劳动保障行政部门应当自受理工伤认定申请之日起60日内做出工伤认定的决定，并书面通知申请工伤认定的职工或者其直系亲属和所在单位。

提示：用人单位未按规定提出工伤认定申请的，工伤职工或者其亲属、工会组织在事故伤害发生之日或者被诊断、鉴定为职业病之日起1年内，可以直接向用人单位所在地统筹地区劳动保障行政部门提出工伤认定申请。

案例：小张受雇于庞某的装修队，在一次施工中不慎摔伤致残。小张向庞某索要伤残补偿，但庞某系外出务工人员，没有能力支付。小张找到发包给庞某装修队的包工头黄某，黄某说小张是庞某找来的，与自己没有关系。小张于是向劳动争议仲裁委员会申诉。期间，当地劳动局认为小张为工伤。仲裁委员会经调查发现，这是一起层层转包引发的工伤争议，某建筑公司的项目经理未经发包商同意，将工程转包给虽有施工资质但无法人资格的黄某，黄某又将装修工程转发给也无任何资质的庞某，他们之间的承包合同违反法律的规定，是无效合同。建筑公司是本案工程的总承包人和发包人，在工程的发、承包中存在将工程层层转包、以包代管的问题。

仲裁委员会最终裁定：庞某、黄某、建筑公司对小张的工伤承担连带责任。这是一起工伤事故伤残抚恤费支付案件。工伤认定了，伤残等级也评定了，谁支付工伤待遇呢？仲裁委员会裁定，庞某、黄某和建筑公司对小张的工伤负连带责任，故小张可向他们中的任何一方要求补偿，而向小张支付伤残抚恤费的一方也可以要求负连带责任的其他方赔偿应当承担的份额。

重点： 劳动能力鉴定结论做出之日起1年后，工伤职工或其直系亲属、其所在单位或者经办机构认为伤情发生变化的，可以申请劳动能力复查鉴定。

10. 工伤职工可以享受哪些工伤保险待遇？

职工享受工伤保险待遇，一般需要经过工伤认定、劳动能力鉴定和工伤评残、工伤保险金发放等几个程序。工伤保险待遇主要包括：

（1）职工因工作遭受事故伤害或者患职业病进行治疗，享受工伤医疗待遇；

（2）职工因工作遭受事故伤害或者患职业病需要暂停工作接受工伤医疗的，在停工留薪期内，原工资福利待遇不变，由所在单位按月支付；

（3）工伤职工已经评定伤残等级并经劳动能力鉴定委员会

确认需要生活护理的,从工伤保险基金按月支付生活护理费;

(4)职工因工致残被鉴定为一级至四级伤残的,保留劳动关系,退出工作岗位,从工伤保险基金按伤残等级支付一次性伤残补助金,并按月支付伤残津贴;工伤职工达到退休年龄并办理退休手续后,停发伤残津贴,享受基本养老保险待遇;

(5)职工因工致残被鉴定为五级、六级伤残的,从工伤保险基金按伤残等级支付一次性伤残补助金;保留与用人单位的劳动关系,由用人单位安排适当工作。难以安排工作的,由用人单位按月发给伤残津贴;经工伤职工本人提出,该职工可以与用人单位解除或者终止劳动关系,由用人单位支付一次性工伤医疗补助金和伤残就业补助金;

(6)职工因工致残被鉴定为七级至十级伤残的,从工伤保险基金按伤残等级支付一次性伤残补助金;劳动合同期满终止,或者职工本人提出解除劳动合同的,由用人单位支付一次性工伤医疗补助金和伤残就业补助金;

(7)职工因工死亡,其直系亲属可以按照有关规定从工伤保险基金领取丧葬补助金、供养亲属抚恤金和一次性工亡补助金。

11. 国家对非法用工单位的职工工伤待遇是怎样规定的?

根据《工伤保险条例》和《非法用工单位伤亡人员一次性赔偿办法》的规定,无营业执照或者未经依法登记、备案的单位以及被依法吊销营业执照或者撤销登记、备案的单位的职工受到事故伤害或者患职业病的,由该单位向伤残职工或者死亡职工的直系亲属给予一次性赔偿;用人单位不得使用童工,用人单位使用童工造成童工伤残、死亡的,由该单位向童工或者童工的直系亲属给予一次性赔偿。

12. 劳动者因工伤死亡其亲属可以享受哪些待遇?

根据《工伤保险条例》规定,职工因工死亡,其直系亲属按照规定可从工伤保险基金领取丧葬补助金、供养亲属抚恤金和一次性工亡补助金等待遇。

13. 未上工伤保险,职工因工负伤如何享受工伤待遇?

我国有关工伤保险的法律、法规规定,我国境内的各类企业、有雇工的个体工商户应当依照有关规定参加工伤保险,为本单位全部职工或者雇工(以下称职工)缴纳工伤保险费,各类企业的职工均有享受工伤保险待遇的权利。如果单位未为职工缴纳工伤保险费,职工因工负伤后,也不能免除单位的责任,除了由劳动保障行政部门责令改正外,该用人单位还要按照《工伤保险条例》规定的工伤保险待遇项目和标准支付费用。

重点: 未参加工伤保险期间用人单位职工发生工伤的,由该用人单位按照《工伤保险条例》规定的工伤保险待遇项目和标准支付费用。

案例: 郑某到某建筑工程承包总公司承包的某工地工作,该公司没有为其办理工伤保险。2003年8月,郑某在工作时被飞出的砂轮片致伤面部和胸部。住院治疗期间,该公司向郑某支付了4000元,此后再未支付任何费用,也不再让郑某工作。后来郑某被劳动保障局认定为因工负伤,工伤致残程度鉴定为九级。但用人的该建筑公司却不承担工伤责任,郑某遂向劳动争议仲裁委员会申请劳动仲裁。

劳动争议仲裁委经调查认为:郑某是在为该建筑工程承包总公司工作时因工负伤,该公司应承担郑某的工伤保险责任。裁定建筑公司承担郑某的医疗费、工资、住院期间的伙食补助费和一次性伤残补助金等。本案中,郑某因工受伤理应享受工伤待遇,但用人单位未依法为其办理工伤保险,所以郑某应享受的工伤待遇应由该公司承担,该建筑公司不承担工伤的责任是违法的,市劳动争议仲裁委的裁决是正确的。

14. 企业是否可以依据"工伤概不负责"对工伤事故免责?

劳动合同中的"工伤概不负责"条款,无论劳动者是否认同这一约定,都属无效条款,用人单位不能依据此条款主张免责。

建立、健全劳动安全卫生制度,对劳动者进行劳动安全卫生教育,防止劳动过程中的事故是用人单位的法定义务。并且用人单位必须为劳动者提供符合国家规定的劳动安全卫生条件和必要的劳动防护用品,这是法律为了保障劳动者的安全健康而强加给用人单位的义务,任何人不能通过约定来免除其法定的义务,这样的约定是无效的约定,法律不予保护。

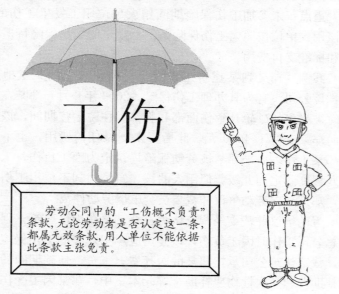

案例：天津市某建筑公司，招雇刘某为临时工，招工登记表中注明"工伤概不负责"。次年，工作时，因房梁折落，造成刘某左踝关节挫伤，引起局部组织感染坏死，导致因脓毒性败血症而死亡。刘某生前为治伤用去医疗费2万元，为此刘某的父母向雇主索赔，雇主则以"工伤概不负责"为由拒绝承担民事责任。

本案中，对劳动者实行劳动保护，在我国《宪法》中已有明文规定，这是劳动者所享有的权利。身为雇主对雇员理应依法给予劳动保护，但他们却在招工登记表中注明"工伤概不负责"。这种行为不符合《宪法》和有关法律的规定，应属于无效的民事行为。刘某在工作中受伤，应认定为工伤。雇主应按照工伤保险的有关法律、法规的规定，支付刘某有关的工伤保险待遇费用。

15. 国家对农民工参加生育保险是怎样规定的？

目前我国的生育保险制度还没有普遍建立，各地工作进展不平衡。从各地制定的规定看，有的地区没有将农民工纳入生育保险覆盖范围，有的地区则将农民工纳入了生育保险覆盖范围。如果农民工所在地区将农民工纳入了生育保险覆盖范围，农民工所在单位应按规定为农民工参加生育保险并缴纳生育保险费，符合规定条件的生育农民工依法享受生育保险待遇。

（四）劳动争议与调解

1. 什么是劳动争议？

劳动争议，也叫劳动纠纷，就是指劳动关系当事人双方（用人单位和劳动者）之间因执行劳动法律、法规或者履行劳动合同以及其他劳动问题而发生劳动权利与义务方面的纠纷。

2. 哪些争议属于劳动争议？

劳动争议的内容，是指劳动合同关系中当事人的权利与义务。所以，用人单位与劳动者之间发生的争议不都是劳动争议。只有在争议涉及劳动关系双方当事人在劳动关系中的权利和义务时，它才是劳动争议。劳动争议包括：因开除、除名、辞退职工和职工辞职、自动离职发生的争议；因执行国家有关工资、保险、福利、培训、劳动保护的规定发生的争议；因履行劳动合同发生的争议等。

3. 劳动争议处理机构有哪些？

我国的劳动争议处理机构主要有：企业劳动争议调解委员会、各级政府劳动争议仲裁委员会和人民法院。根据《劳动法》等的规定：在用人单位内可以设立劳动争议调解委员会，负责调解本单位的劳动争议；在县、市、市辖区应当设立劳动争议仲裁委员会；各级人民法院的民事审判庭负责劳动争议案件的审理工作。

案例：陈某于1985年在某建筑公司财务部任职至今。2004年1月初，新上任的总经理在全体职工大会上公开宣布将陈某解雇，并要求陈某尽快办理财务部工作的交接。陈某不服，认为其连续工龄已有28年，在公司已连续工作22年，且距法定退休年龄只差4年多，因此，有权要求公司与其订立无固定期限劳动合同。

于是，陈某找到公司的劳动争议调解委员会要求调解。公司的劳动争议调解委员会由于受到总经理的影响，认为解除陈某的劳动合同有效。陈某遂向劳动争议仲裁委员会申请仲裁。劳动争议仲裁委员会根据有关规定，裁决公司应当与陈某签订无固定期限的劳动合同。公司对该裁决不服,于是向人民法院起诉。经人民法院调解,双方达成了如下协议:公司解除与陈某的劳动合同,公司补偿陈某经济损失15万元,并负责缴纳有关保险费用。

4. 当事人之间发生劳动争议后,应当怎样解决?

根据我国有关法律、法规的规定,解决劳动争议的方法如下:

(1)协商。劳动争议发生后,双方当事人应当首先进行协商,以达成解决方案。

(2)调解。就是企业调解委员会对本单位发生的劳动争议进行调解。从法律、法规的规定看,这并不是必经的程序。但它对于劳动争议的解决却起到很大作用。

(3)仲裁。劳动争议调解不成的,当事人可以向劳动争议仲裁委员会申请仲裁。当事人也可以直接向劳动争议仲裁

劳动争议解决途径有哪些

1. 协商:劳动争议发生后,应当首先进行协商;
2. 调解:企业调解委员会对本单位发生的劳动争议进行调解;
3. 仲裁:劳动争议调节不成的,可以向劳动争议仲裁委员会申请仲裁;
4. 诉讼:对仲裁裁决不服的,可以向人民法院起诉。

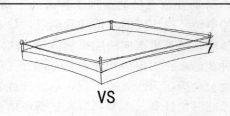

委员会申请仲裁。当事人从知道或应当知道其权利被侵害之日起 60 日内，以书面形式向仲裁委员会申请仲裁。仲裁委员会应当自收到申请书之起 7 日内做出受理或不予受理的决定。

（4）诉讼。当事人对仲裁裁决不服的，可以自收到仲裁裁决之日起 15 日内向人民法院起诉。人民法院民事审判庭受理和审理劳动争议案件。

重点： 劳动争议发生后，当事人可以向本单位劳动争议调解委员会申请调解；调解不成，当事人一方要求仲裁的，可以向劳动争议仲裁委员会申请仲裁。当事人一方也可以直接向劳动争议仲裁委员会申请仲裁。对仲裁裁决不服的，可以向人民法院提起诉讼。

案例： 林某是某公司的工人，1998 年 12 月，双方签订了为期 4 年的劳动合同，1999 年 10 月，公司以林某违反了劳动纪律为由做出与林某解除劳动合同的决定，林某不服，于是向劳动仲裁委员会申请劳动仲裁，要求撤销公司所作的解除劳动合同的决定。

2000 年 1 月，劳动仲裁委员会以林某在规定期内未到庭为由对林某的申请决定按自动撤诉处理。林某于是向法院提起诉讼，法院以当事人申请的实体权利未经劳动仲裁为由裁定不予受理。两年后，林某于 2002 年 12 月向劳动仲裁委员会重新申请劳动仲裁。劳动仲裁委员会受理了林某的申请，经开庭审理，以林某的申请已过法定的申请仲裁期限，裁定驳回林某的全部申诉要求。林某再次向法院提起诉讼。法院认为，当事人就同一仲裁请求再次申请仲裁，只要符合受理条件，劳动争议仲裁委员会应当再次立案审理，申请仲裁时效期间自撤诉之日起重新开始计算。本案当事人重新申请仲裁距按自动撤诉处理之日已过 60 日期限，其申请显然已过法定的申请仲裁时效，因而判决驳回其起诉。

从本案看，当事人不但要遵守一裁两审的制度，而且必须在法律规定的期限内行使自己的权利；否则，仍然可能承担败诉的后果。

5. 处理劳动争议应遵循哪些原则？

根据国家《劳动法》的规定，"解决劳动争议，应当根据合法、公正、及时处理的原则，依法维护劳动争议当事人的合法权益。"

根据《中华人民共和国企业劳动争议处理条例》的规定："处理劳动争议，应当遵循下列原则：着重调解，及时处理；在查清事实的基础上，依法处理；当事人在适用法律上一律平等。

6. 劳动争议调解委员会按什么程序进行调解？

调解委员会按照下列程序进行调解：

（1）对争议事项进行全面调查核实；

（2）组织调解。调解一般由调解委员会主任主持，由争议双方当事人参加；

（3）依法进行调解。双方当事人对争议事实和理由进行陈述；

（4）达成调解协议。对经调解达成协议的，应当制作调解协议书。调解不成的，在调解意见书上说明情况。

7. 劳动争议的调解应该在多长时间内结束？

调解委员会调解劳动争议，应当自当事人申请调解之日起 30 日内结束，到期未结束的，视为调解不成。

8. 当事人提起劳动仲裁时应当注意哪些问题？

根据法律的有关规定，当事人在发生劳动争议提起劳动

仲裁时应当注意以下几个方面:

(1) 提出仲裁要求的一方应当自劳动争议发生之日起60日内向劳动争议仲裁委员会提出书面申请,当然,如果当事人因不可抗力或者有其他正当理由超过60天申请仲裁时效的,仲裁委员会也应受理;

(2) 当事人应当向具有管辖权的劳动争议仲裁委员会提出,一般情况下,县、市、市辖区仲裁委员会负责本行政区域内发生的劳动争议;

(3) 当事人可以自己参加仲裁也可委托一至两名律师或者其他人代理参加仲裁活动;

(4) 职工应当以书面形式向仲裁委员会申请仲裁,以书面形式提出仲裁申请是形式要求;

(5) 当事人向仲裁委员会申请仲裁,应当提交申诉书,并按照被诉人人数提交副本;

(6) 当事人双方在仲裁过程中可以自行和解;

(7) 劳动争议当事人对仲裁裁决不服的,可以自收到仲裁裁决书之日起15日内向人民法院提起诉讼。期满不起诉的,裁决书即发生法律效力。

案例:季某是某建筑企业的临时工,2004年3月,企业口头通知将其解雇,但是没有给予书面的解雇通知。季某不服,多次要求企业继续履行劳动合同,但是企业不予明确答复,于是季某继续在该企业工作,企业也发放了2004年3月至5月的工资。但是,从2004年6月起企业停止支付季某的工资。季某于2004年7月口头向劳动争议仲裁委员会申请仲裁。

劳动争议仲裁委员会认为季某既没有书面申请,又已经超过了60天的仲裁时效,因此拒绝受理。季某向专家请教。

专家告诉季某有办法维护其合法权益。首先,季某应当以书面形式向劳动争议仲裁委员会提出仲裁申请。再次,对仲裁时效,应当从 2004 年 6 月算起,因此还没有超过 60 天,也就是说没有超过仲裁时效。

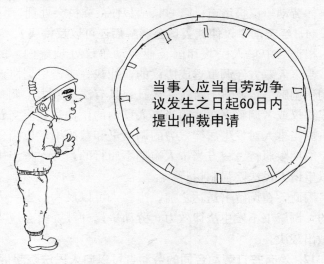

当事人应当自劳动争议发生之日起60日内提出仲裁申请

9. 劳动争议的仲裁时效是多长?

《劳动法》规定,当事人申请仲裁的时效为:自劳动争议发生之日起 60 日内,超过这一期限,除非有正当理由或不可抗力,否则仲裁委员会一般不予受理。此处的"劳动争议发生之日"指当事人知道或者应当知道其权利被侵害之日。

10. 对哪些劳动争议需要进行特别审理?

职工一方在 30 人以上的集体劳动争议,劳动争议仲裁委员会处理应当组成特别仲裁庭。因为集体劳动争议涉及的人数众多,社会影响大,案件可能比较复杂,应当慎重处理。所以规定对集体劳动争议案件,劳动争议仲裁委员会应当组成3名以上的仲裁员组成特别仲裁庭进行仲裁。同时,县级仲裁委员会如认为有必要,如该集体劳动争议影响面很大,或者具有重大涉外因素,或者案件特别复杂等,可以将该集体劳动争议报请市(地、州、盟)仲裁委员会处理。

11. 经劳动争议仲裁委员会调解后还可以反悔吗?

根据《中华人民共和国企业劳动争议处理条例》的规定,当事人双方经调解达成协议的,仲裁庭应当根据协议内容制作调解书,调解书自送达之日起具有法律效力。调解未达成协议或者调解书送达前当事人反悔的,仲裁庭应当及时裁决。当事人对发生法律效力的调解书和裁决书,应当依照规定的期限履行。一方当事人逾期不履行的,另一方当事人可以申请人民法院强制执行。

因此,在调解书送达之前,当事人可以反悔;当一人反悔的,调解书不发生法律效力,劳动争议仲裁委员会应当及时做出裁决。

12. 没有签订劳动合同的劳动者可以向人民法院起诉吗?

根据《最高人民法院关于审理劳动争议案件适用法律若干问题的解释》规定,劳动者与用人单位之间发生的下列纠纷,当事人不服劳动争议仲裁委员会做出的裁决,依法向人民法院起诉的,人民法院应当受理:

(1)劳动者与用人单位在履行劳动合同过程中发生的纠纷;

(2)劳动者与用人单位之间没有订立书面劳动合同,但已形成劳动关系后发生的纠纷;

(3)劳动者退休后,与尚未参加社会保险统筹的原用人单位因追索养老金、医疗费、工伤保险待遇和其他社会保险费而发生的纠纷。

13. 干扰或阻碍仲裁的行为会有什么后果?

根据《中华人民共和国企业劳动争议处理条例》的规定,当事人及有关人员在劳动争议处理过程中有下列行为之一的,仲裁委员会可以予以批评教育、责令改正,情节严重的,依照《中华人民共和国治安管理处罚条例》有关规定处罚,构成犯罪的,依法追究刑事责任:

(1) 干扰调解和仲裁活动、阻碍仲裁工作人员执行公务的;

(2) 提供虚假情况的;

(3) 拒绝提供有关文件、资料和其他证明材料的;

(4) 对仲裁工作人员、仲裁参加人、证人、协助执行人,进行打击报复的。

14. 仲裁调解协议有怎样的效力?

根据《中华人民共和国企业劳动争议处理条例》的规定:"调解达成协议的,仲裁庭应当根据协议内容制作调解书,调解书自送达之日起具有法律效力。调解未达成协议或者调解书送达前当事人反悔的,仲裁庭应当及时裁决。"与自行和解不同,仲裁调解协议送达生效后,不得反悔,具有强制执行力。

15. 用人单位发生合并或分立的,之前发生的劳动争议,如何确定当事人?

根据《最高人民法院关于审理劳动争议案件适用法律若干问题的解释》的规定:"用人单位与其他单位合并的,合并前发生的劳动争议,由合并后的单位为当事人;用人单位分立为若干单位的,其分立前发生的劳动争议,由分立后的实际用人单位为当事人。

用人单位分立为若干单位后，对承受劳动权利义务的单位不明确的，分立后的单位均为当事人。"

16. 用人单位的规章制度可否作为审理劳动争议案件的依据？

《劳动法》规定，通过民主程序制定的规章制度，不违反国家法律、行政法规及政策规定，并已向劳动者公示的，可以作为人民法院审理劳动争议案件的依据。

17. 如果劳动争议的职工一方在三人以上，并有共同理由，如何处理？

根据《中华人民共和国企业劳动争议处理条例》的规定："发生劳动争议的职工一方在三人以上，并有共同理由的，应当推举代表参加调解或者仲裁活动。"

根据劳动部印发《〈中华人民共和国企业劳动争议处理条例〉若干问题解释》的通知的规定，"共同理由"是指职工一方三人以上发生劳动争议后，基于同一事实经过而且申请仲裁的理由相同。

18. 法律援助申请指的是什么？

法律援助是为经济困难的或者特殊案件的当事人提供完全免费的法律帮助的一种制度。服务的形式可以是法律咨询、代拟法律文书、提供刑事辩护、民事或刑事诉讼代理、非诉讼法律事务代理等，目的是确保公民不会因缺乏经济能力或弱势处境而在法律面前处于不利的地位，从而保护自己的合法权益。劳动争议案件也可以到律师事务所申请法律援助。

三、建筑安全生产常识

（一）建筑施工现场安全生产常识

1. 什么是安全生产？

安全生产就是在生产过程中对劳动者的安全与健康进行保护，同时还要保护设备、设施的安全和避免环境破坏，保证生产进行。

2. 什么是安全生产事故？

安全生产事故是在人们生产、生活活动过程中突然发生的、违背人们意志的、迫使活动暂时或永久停止，可能造成人员伤害、财产损失或环境污染的意外事件。

3. 安全生产方针是什么？

安全生产方针是：安全第一、预防为主、综合治理。

4. 安全生产"三级教育"指哪三个层次？

公司（项目）安全教育、分包队安全教育、班组安全教育。

5. 安全作业有哪"三宝"？

安全帽、安全带、安全网。安全帽、安全带、安全网是工人的三件宝，只有正确佩带和使用，才可以保证个人安全。

参考： 如何正确使用"三宝"用具请参阅本节问答第12、13、14题。

6. 发生安全事故"三违"是什么？

违章指挥、违章作业、违反劳动纪律。

案例： 罐车司机华某违章作业，在罐车罐体仍在旋转的情况下爬到罐口，清除罐口内残余的混凝土，不慎将头部绞入罐口内当场死亡。

绞死的司机

案例： 某建筑工地混凝土搅拌完毕，民工宋某和新到民工李某两人清洗搅拌机。由于李某新来工地，缺乏施工安全知识和搅拌机使用常识，错将搅拌开关当送水开关启动，将正在清洗的宋某搅入筒内致死。

7. 安全防范"三不伤害"是什么？

不伤害自己，不伤害别人，不被别人伤害。

施工时经常有上下层或者不同工种不同队伍互相交叉作业的情况，大家要避免这时候发生危险。相互间协调好，上层作业时，要对作业区域围蔽，有人值守，防止人员进入作业区下方。此外落物伤人,也是工地经常发生的事故之一,大家时刻记住,进入施工现场,一定要戴好安全帽。作业过程中,观察周围,不伤害他人,也不被他人伤害,这是工地安全的基本原则。自己不违章,只能保证不伤害自己,不伤害别人。要做到不被别人伤害,这就要求我们要及时制止他人违章,制止他人违章既保护了自己,也保护了他人。

8. 建筑施工易发事故的"四口五临边"是什么?

四口是指"楼梯口、电梯口、预留洞口和出入口",五临边是指"尚未安装栏杆的阳台周边,无外架防护的层面周边,框架工程楼层周边,上下跑道及斜道的两侧边,卸料平台的侧边"。"四口五临边"是施工现场最危险和最容易发生事故的地方,因此对施工现场重要危险部位进行正确的防护,可以有效的减少事故发生,为工人作业提供一个安全的环境。

案例:施工人员在坡屋顶进行保温工作时,不慎从没有任何安全防护的天窗坠落至室内地面,落差4.5米,经抢救无效死亡。

9. 建筑施工中哪些部位最易发生伤亡事故？

建筑施工的伤亡事故主要发生在高处坠落、物体打击、触电、坍塌和机械伤害五个类别中。五类事故发生的部位主要是：

(1) 高处坠落——从临边、洞口，包括屋面边、楼板边、阳台边、预留洞口、电梯井口、楼梯口等坠落；从脚手架上坠落；在龙门架（井字架）物料提升机、塔吊安装、拆除过程坠落；混凝土构件浇筑时因模板支撑失稳倒塌，及安装、拆除模板时坠落；结构和设备吊装时坠落。

案例： 施工人员张某使用电动吊篮施工，吊篮停在5层，张某违章从窗台进入楼内时，不慎从5层坠落至地面死亡。

施工人员从窗外的吊篮经窗子进入楼内，不慎坠落至地面身亡

(2) 触电——对经过或靠近施工现场的外电线路没有或缺少防护，在搭设钢管架、绑扎钢筋或起重吊装过程中，碰触这些线路造成触电；使用各类电器设备触电；电线破皮、

老化,又无开关箱等触电。

(3)物体打击——主要发生在同一垂直作用面的交叉作业中和通道口处坠落物体的打击。

案例:施工人员鲁某与其他几位工人在楼外侧化粪池顶部捡卡子时被从 16 层掉下的一根 3m 长(直径 48mm)的立管砸中头部,安全帽被砸碎,鲁某当场死亡。

(4)机械伤害——主要发生在垂直运输机械设备、吊装设备、各类桩机等的伤害。

案例:施工人员在使用塔吊吊运钢筋时违章超载,吊物重量已经达到额定载荷的 213%,致使塔身突然折断,塔吊司机死亡。

(5)坍塌——主要发生在土方施工、脚手架和模板支撑体系失稳坍塌和房屋拆除过程中的坍塌。

案例:某工程在距东侧附属台阶挡墙外 20cm 处进行雨水管沟施工。由于雨水管沟深度超过挡墙的基础深度而没有

倒塌的墙体

采取防护措施,当5名工人在清理基槽准备浇筑垫层时,挡墙朝雨水管沟方向整体倒塌,致使正在作业人员2人死亡2人重伤。

10. 什么是高处作业?

凡在坠落高度基准面2m以上(含2m)有可能坠落的高处进行的作业,称为高处作业。高处作业中把在特殊和恶劣条件下的高处作业称为特殊高处作业,特殊高处作业以外的高处作业称为一般高处作业。特殊高处作业包括强风、高温、雪天、雨天、夜间、带电、悬空、抢救等高处作业。

11. 高处作业的五种类型都包括哪些作业?

建筑施工中的高处作业主要包括临边、洞口、攀爬、悬空、交叉等五种类型,这些类型的高处作业是高处作业伤亡事故的可能发生的主要地点。

(1) 临边作业

临边作业是指在施工现场中,工作面边无维护设施或维护设施高度低于80cm时的高处作业。下列作业条件属于临边作业:1)在基坑施工时的基坑周边;2)框架结构施工的楼层周边;3)屋面周边;4)尚未安装栏杆的楼梯和斜道的侧面;5)尚未安装栏杆的阳台边。还有各种垂直运输卸料平台的侧面,水箱水塔周边等的作业也是临边作业。

(2) 洞口作业

洞口作业是指在施工过程中孔、洞口旁边的高处作业,包括施工现场及通道旁深度在2m及2m以上的桩孔、人孔、沟槽与管道孔洞等临边临沿的作业。

建筑物的楼梯口、电梯口及设备安装预留洞口等,在建筑物建成前,不能安装正式栏杆、门窗等维护结构;还有一些施工需要预留的上料口、通道口、施工口等,这些洞口没有防护时,就有造成作业人员高处坠落的危险。若不慎将物体从这些洞口坠落时,还可能造成下面的人员发生物体打击事故。

（3）攀登作业

攀登作业是指借助登高用具或登高设施在攀登条件下进行的高处作业。

在建筑物周围搭设脚手架、张挂安全网、安装塔吊、龙门架、井字架、桩架、登高安装钢结构构件等作业都属于这种作业。进行攀登作业时作业人员由于没有作业平台，只能攀登在脚手杆上或龙门架、井字架、桩机的架体上作业，要借助一只手攀，一条腿勾或用腰绳来保持平衡，身体重心垂线不通过脚下，作业难度大危险性大，若有不慎就可能坠落。

（4）悬空作业

悬空作业是指在周边临空状态下进行的高处作业。其特点在操作者无立足点牢靠条件下进行高处作业。建筑施工中的构件吊装，利用吊篮架进行外装修，悬挑或悬空梁板、雨篷等特殊部位支拆模板、扎筋、浇混凝土等项作业都属于悬空作业。由于是在不稳定的条件下施工作业，危险性很大。

（5）交叉作业

交叉作业是指在施工现场的上下不同层次、于空间贯通状态下同时进行的高处作业。现场施工上部搭设脚手架、吊运物料，地面上的人员搬运材料、制作钢筋，或外墙装修等等，都是施工现场的交叉作业。交叉作业中，若高处作业不慎碰掉物料，失手掉下工具或吊运物体散落，都可能砸到下面的作业人员，发生物体打击伤亡事故。

12. 怎样带好安全帽？

安全帽是用来避免或减轻外来冲击和碰撞对头部造成伤害的防护用品，其正确使用方法如下：①戴帽前检查外壳是否破损，如有破损，其分解和削减外来冲击力的性能已减弱或丧失，应立即更换。②检查有无合格帽衬，帽衬的作用在于吸收和缓解冲击力，安全帽无帽衬，就失去了保护头部的功能。③检查帽带是否齐全。④调整好帽衬间距（约4～5cm），调整好帽箍。⑤戴帽并系好帽带。⑥现场作业中，切记不得随意将安全帽脱下搁置一旁，或当坐垫使用。

案例：施工人员王某（未戴安全帽）饭后上厕所的路上，被从楼上落下的3m长的木方（10cm×10cm）砸中，脑部受伤，经抢救无效死亡。

砸中王某的木方，木方正好掉在防护栏杆外，防护栏距离楼6m远

13. 怎样正确使用安全带？

安全带是高处作业工人预防伤亡的防护用品，其使用注意事项如下：①应当使用经质检部门检查合格的安全带；②不得私自拆换安全带的各种配件，在使用前，应仔细检查各部分构件无破损时才能佩系；③使用过程中，安全带应高挂低用，并防止摆动、碰撞，避开尖刺和不接触明火，不能将钩直接挂在安全绳上，一般应挂到连接环上；④严禁使用打结和继接的安全绳，以防坠落时腰部受到较大冲力伤害；

⑤作业时应将安全带的钩、环牢挂的系留点上,各卡接扣紧,以防脱落;在无法直接挂设安全带的地方,应设置挂安全带的安全拉绳,安全栏杆等;⑥在温度较低的环境中使用安全带时,要注意防止安全绳的硬化割裂;⑦2m 以上的悬空作业,必须使用安全带;⑧使用后,将安全带、绳卷成盘放在无化学试剂、阳光的场所中,切不可折叠。在金属配件上涂些机油,以防生锈;⑨安全带的使用期一般 3~5 年,在此期间安全绳磨损时应及时更换,如果带子破裂应提前报废。

14. 怎样正确使用安全网?

安全网在建筑施工现场是用来防止人、物坠落,或用来避免、减轻坠落及物击伤害的网具。①要选用有合格证书的安全网;②在施工现场安全网的支撑和拆除要严格按照施工负责人的安排进行,不得随意拆毁安全网;③在使用过程中不得随意向网上乱抛杂物或撕坏网片;④安全网若有破损、老化应及时更换;⑤与架体连接不宜绷得过紧,系结点要沿边分布均匀、绑牢;⑥立网不得作为平网网体使用。

15. 施工现场临时用电触电事故种类

触电的种类:按照触电事故的构成方式,触电事故可分为电击和电伤。

电击是电流对人体内部组织的伤害,是最危险的一种伤害,绝大多数的触电死亡事故都是由电击造成的,电击伤害人体内部组织,在人体外表没有显著的痕迹。

按照发生电击时电气设备的状态,电击可分为直接接触电击和间接接触电击,直接接触电击是触及设备和线路正常运行时的带电体发生的电击;间接接触电击是触及正常状态下不带电,而当设备或线路故障时意外带电的导体发生的电击(如触及漏电设备的外壳发生的电击间接接触电击),也称为故障状态下的电击。

电伤是由电流的热效应、化学效应、机械效应等效应对人造成的伤害。触电伤亡事故中,纯电伤性质的及带有电伤性质的约占75%(电烧伤约占40%)。尽管大约85%以上的触电死亡事故是电击造成的,但其中大约70%的含电伤成分。电伤可分为:电烧伤、皮肤金属化、电烙印、机械性损伤、电光眼。

案例:施工人员王某等2人进行消防水管弯头焊接工作时,由于电焊把线破损,王某操作电焊不慎触电,后经抢救无效身亡。

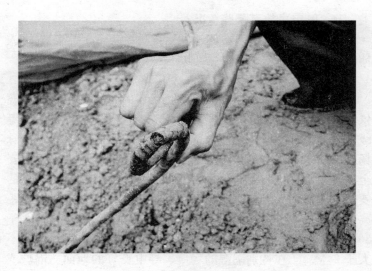

案例:工人周某等3人在基坑内移动水泥土桩打夯机过程中,打夯机上部的锤杆与穿越在施工面上方的高压线相连,导致周某触电身亡。

16. 触电事故有哪些情况？

触电的方式：按照人体触及带电体的方式和电流流过人体的途径，触电可分为单相触电，两相触电和跨步电压触电。

17. 什么是安全电压？

安全电压是为防止触电事故而采用的50V以下特定电源供电的电压系列，分为42V、36V、24V、12V和6V五个等级，根据不同的作业条件，选用不同的安全电压等级，特殊场所必须采用安全电压照明供电，以下特殊场所必须采用安全电压照明供电：①使用行灯，必须采用小于或等于36V的安全电压供电。②隧道、人防工程、有高温、导电灰尘或距离地面高度低于2.4m的照明等场所，电源电压不应大于36V。③在潮湿和易触及带电体场所的照明电源电压，应不大于24V。④在特别潮湿的场所、导电良好的地面、锅炉或金属容器内工作的照明电源电压不得大于12V。

18. 如何识别电线的相色

电源线路可分工作相线（火线）、工作零线和专用保护零线，一般情况下，工作相线（火线）带电危险，工作零线和专用保护零线不带电（但在不正常情况下，工作零线也可以带电）。

一般相线（火线）分为A、B、C三相，分别为黄色、绿色、红色；工作零线为黑色；专用保护零线为黄绿双色线。

19. 火灾有哪三个要素？

火灾是火失去控制蔓延而形成的一种灾害性燃烧现象，它通常造成人或物的损失，火灾的发生必须由三个必要条件：助燃剂（氧气、高锰酸钾等）、可燃物（木材、汽油等）和引火源（明火、电焊渣等），这三个条件缺少任何一个火灾燃烧都不能发生和维持。因此在火灾防治中，如果切断三要素中的任何一个火灾就可以扑灭。

20. 如何正确使用灭火器？

(1) 酸碱灭火器：倒过来稍加摇动或打开开关，药剂喷出；适合扑救油类火灾。

(2) 泡沫灭火器：把灭火器筒身倒过来，使用扑救木材、棉花、纸张等火灾，不能扑救电气、油类火灾。

(3) 二氧化碳灭火器：一手拿好喇叭筒对准火源，另一手打开开关即可；适于扑救贵重仪器和设备，不能扑救金属钾、钠、镁、铝等物资的火灾。

(4) 卤代烷灭火器：先拔掉按销，然后握紧压把开关，压杆使密封阀开启，药剂即在氮气压力下由喷嘴射出。适用于扑救易燃液体、可燃气体和电器设备等火灾。

(5) 干粉灭火器：打开保险销，把喷管口对准火源，拉出拉环，即可喷出；适用于扑救石油产品、油漆、有机溶剂和电器设备等火灾。

案例：施工人员违章使用电热器，离开后未断电，导致火灾事故发生，造成正在别的房间休息的人员死亡。

案例： 施工人员张某从楼顶找来一个稀料桶（高25cm、直径18.5cm）准备当作盛水的器具，请正在做电焊工作的何某使用电焊切割小桶，切割时桶内残存的稀料爆燃，将何某烧伤致死。

（二）建筑施工现场安全规定

1. 进入施工现场应该遵守哪些安全规定？

（1）新入场的工人必须经过三级安全教育，考核合格后方可上岗作业；特种作业人员如电工、焊工、起重工、架子工、信号工、机械操作员、司炉工、爆破工等，必须经过专门的培训，考核合格取得操作证后方准独立上岗。

（2）进入施工现场必须戴好安全帽，系好帽带，并正确使用个人劳动防护用品。

（3）严禁赤脚或穿拖鞋进入施工现场。严禁酒后作业，严禁穿带钉、易滑、硬底的鞋进行高处作业。

（4）在防护设施不完善或无防护设施的高处作业，必须系好安全带，安全带必须高挂低用。

（5）严禁在施工现场吸烟。

（6）工作时要思想集中，坚守岗位，遵守劳动纪律。严禁现场随意乱窜。

（7）在施工现场行走或上下要坚持做到"十不准"：①不准从正在起吊、运吊中的物件下通过，以防物体突然脱钩，砸伤下方人员；②不准从高处往下跳；③不准在没有防护的外墙和外壁板等建筑物上行走；④不准站在小推车等不稳定的物体上操作；⑤不得攀登起重臂、绳索、脚手架、井字架、龙门架和随同运料的吊盘或吊篮及吊装物上下；⑥不准进入挂有"禁止出入"或设有危险警示标志的区域（如有高空作业的下方）等；⑦不准在重要的运输通道或上下行走通道上逗留；⑧不准未经允许私自进入非本单位作业区域或管理区域，尤其是存有易燃易爆物品的场所；⑨严禁夜间在无任何照明设施的工地现场区域内行走;⑩不准无关人员进入施工现场。

(8) 高处作业时不往下或向上乱抛材料和工具等物件。

(9) 各种电动机械设备,必须有漏电保护装置和可靠保护接零方能开动使用。

(10) 未经有关人员批准不准随意拆除安全设施和安全装置。

2. 高处作业安全规定

(1) 施工前,应逐级进行安全技术教育及交底,落实所有安全技术措施和人身防护用品,未经落实时不得进行施工。

(2) 高处作业中的安全标志、工具、仪表、电气设施和各种设施、设备,必须在施工前加以检查,确认其完好,方能投入使用。

(3) 悬空、攀登高处作业以及搭设高处作业安全设施的人员必须经专业技术培训、考试合格发给特种作业人员操作证,并体检合格后,才能从事高处作业。

(4) 从事高处作业的人员必须定期进行身体检查,诊断患有心脏病、贫血、高血压、癫痫病、恐高症及其他不适合高处作业的疾病时,不得从事高处作业。

(5) 高处作业人员衣着要灵便,禁止赤脚、穿硬底鞋、高跟鞋、带钉易滑鞋或拖鞋及赤膊裸身从事高处作业。酒后禁止高处作业。

(6) 高处作业场所有坠落可能的物体,应一律先行撤除或予以固定。所用物件均应堆放平稳,不妨碍通行和装卸。工具应随手放入工具袋。传递物件时,禁止抛掷。拆卸下的物件及余料、废料应及时清理运走。

(7) 所有安全防护设施和安全标志等，任何人都不得损坏或擅自移动和拆除。因作业需要，临时拆除或变动安全防护设施和安全标志时，必须经施工负责人同意，并采取相应的可靠措施，作业完毕后应立即恢复。

(8) 施工中对高处作业的安全技术设施，发现有缺陷和隐患时，必须立即报告，及时解决。危及人生安全时，必须立即停止作业。

(9) 高处作业的安全技术措施及其所需料具，必须列入工程的施工组织设计。

(10) 单位工程施工负责人应对工程的高处作业安全技术负责并建立相应的责任制。

(11) 雨天和雪天进行高处作业时，必须采取可靠的防滑、防寒和防冻措施。凡水、冰、霜、雪均应及时清除。对进行高处作业的高耸建筑物，应事先设置避雷设施。

(12) 因作业必需，临时拆除或变动安全防护设施时，必须经施工负责人同意，并采取相应的可靠措施，作业后应立即恢复。

(13) 防护棚搭设与拆除时，应设警戒区，并应派专人监护。严禁上下同时拆除。

(14) 凡是临边高处作业，必须设置防护栏杆，防护栏杆由上下两道横杆、栏杆柱(间距不大于 2m)及挡脚板组成，高度一般为上杆 1.0～1.2m，下杆 0.5～0.6m。栏杆的材料、立柱的固定、立柱与横杆的连接等应有足够强度、其整体构造应使防护栏在上杆任何处都能经受任何方向的 100kg 的外力。

(15) 当临边的外侧面临街道时，除防护栏杆外，敞口立面必须采取满挂密目式安全立网作全封闭。井字架、施工电梯和脚手架等建筑物通道的两侧边，要设防护栏杆。地面通道上方都要装设安全防护棚。

（16）垂直运输各层接料平台除两侧设防护栏杆、平台口装设安全门外，防护栏杆上下必须加挂密目式安全立网全封闭。

（17）对于洞口作业，楼板、屋面、平台上的洞口，洞口边长小于50cm时要盖严，盖件要固定，不准挪动；洞口边长50~150cm时，必须设置以扣件扣接钢管而成的网格，并在上面满铺脚手板，也可采用贯穿于混凝土板内的钢筋构成防护网；洞口大于150cm要设防护栏杆，栏杆底设挡脚板。其中电梯井内每隔两层并最多隔10m要设一道水平安全网。对下边沿至楼板或地面低于80cm的窗口等未落地的竖向洞口，如侧边落差大于2m时，要装设1.2m高的临时护栏。

（18）施工通道附近的各类洞口与坑槽处，除防护处还要有安全标志，夜间要设红灯警示。

（19）进行攀登作业时，作业人员要从规定的通道上下，不能在阳台之间等非规定通道进行攀登。上下梯子时，必须面向梯子，且不得手持器物。使用梯子时，梯脚底部应坚实、防滑，且不得垫高使用；梯子上端应有固定措施或设人扶梯；立梯工作角度以75°±5°为宜，踏板上下间距以30cm为宜，不得缺档；如需接长，必须有可靠的连接措施，且接头不得超过一处，连接后梯梁的强度应不低于单梯梯梁的强度。使用折梯时，上部夹角以35°~45°为宜，铰连接必须牢固，并有可靠的拉撑措施，禁止骑在折梯上移动梯子。

（20）进行悬空作业时，要设有牢靠的作用立足处，并视具体情况设防护栏杆、张挂安全网或其他安全措施；作业所用索具、脚手架、吊篮、吊笼、平台等设备，均需经技术鉴定方能使用。

(21) 在安装柱、梁、板等结构模板时，要站在脚手架或操作平台上操作，不能站在墙上或模板的楞木上作业，也不要在支撑过程中的模板上行走。绑扎柱、墙钢筋时，不得站在钢筋骨架上或在骨架上攀登上下。

(22) 悬空作业浇筑混凝土，如无可靠安全措施要挂好安全带或架设安全网。浇筑拱形结构时，要从结构两边的端部对称进行。浇筑储仓时，要先将下口封闭，然后搭脚手架进行。

(23) 在采用波型石棉瓦、铁皮瓦的轻型屋面作业，行走之间必须在屋面上铺设带防滑条的垫板或搭设安全网。

(24) 进行交叉作业时，注意不得在上下同一垂直方向上操作，下层作业的位置必须处于依上层高度确定的可能坠落范围半径之外。不符合以上条件时，必须设置安全防护棚。高度超过24m，防护棚应设双层，以保证能接住上面的坠落物体。

(25) 利用塔吊、龙门架等机具作垂直运输作业时，地面作业人员要避开吊物的下方，不要在吊车臂下穿行停留，防止吊运的材料散落时被砸伤。

(26) 通道口和上料口由于上方施工或处在起重机吊臂回转半径之内。很有可能发生物体坠落，受其影响的范围内要搭设能穿透的双层防廊或防护棚。

(27) 拆除脚手架与模板时上下不得有其他操作人员，拆下的模板、脚手架等部件，临时堆放处离楼层边沿应不小于1m，堆放高度不得超过1m，楼梯通道口、脚手架边缘等处不得堆放拆下的物件。

(28) 进入施工现场要走指定的或搭有防护棚的出入口，不得从无防护棚的楼梯口出入，避免坠物砸伤。

3. 脚手架施工安全规定

(1) 搭拆脚手架必须由专业架子工担任，并应按现行国家标准考核合格，持证上岗。上岗人员应定期进行体检，凡不适合高处作业者不得上脚手架操作。

(2) 搭拆脚手架时，操作人员必须戴安全帽、系安全带、穿防滑鞋。

(3) 脚手架在搭设前，必须制定施工方案和进行安全技术交底。对于高大异形的脚手架，应报上级审批后才能搭设。

(4) 未搭设完的脚手架，非架子工一律不准上架。脚手架搭设完后，由施工负责人及技术、安全等有关人员共同验收合格后方可使用。

(5) 作业层上的施工荷载应符合设计要求，不得超载，结构施工每平方米不超过 300kg，装修施工每平方米不超过 200kg。不得在脚手架上集中堆放模板、钢筋等物件，严禁在脚手架上拉缆风绳和固定、架设模板支架及混凝土泵送管等，严禁悬挂起重设备。

(6) 不得在脚手架基础及邻近处进行挖掘作业。

(7) 临街搭设的脚手架外侧应有防护措施，以防坠物伤人。

(8) 搭拆脚手架时，地面应设围栏和警戒标志，并派专人看守，严禁非操作人员入内。

(9) 六级及六级以上大风和雨、雪、雾天气不得进行脚手架搭拆作业。

(10) 在脚手架使用过程中，应定期对脚手架及其地基基础进行检查和维护，特别是下列情况下，必须进行检查：①作业层上施工加荷载前；②遇大雨和六级以上大风后；③寒冷地区开冻后；④停用时间超过一个月；⑤如发现倾斜、下沉、松扣、崩扣等现象要及时修理。

（11）工地临时用电线路架设及脚手架的接地、避雷措施、脚手架与架空输电线路的安全距离等应按现行行业标准《施工现场临时用电安全技术规范》（JGJ 46—2005）的有关规定执行。钢管脚手架上安装照明灯时，电线不得接触脚手架，并要做绝缘处理。

（12）高层建筑施工的脚手架若高出周围建筑物时，应防雷击。若在相邻建筑物或构筑物防雷装置防护范围以外，应安装防雷装置。

（13）现阶段最常用的落地式多立杆扣件钢管架，其架上荷载是通过脚手板—小横杆—大横杆—立杆，最后传递到架子基础上。因此架子的基础必须坚实，若是回填时，必须平整夯实，并做好排水，以防地基沉陷引起架子沉降、歪斜、倒塌。

（14）施工作业层的脚手板要满铺，铺稳，距墙空隙不大于15cm，并不得出现探头板；在架上外侧四周必须设1.2m高的防护栏杆，并设高度不小于18cm的挡脚板，以防人、材料、工具坠落；作业层下面要装安全水平网，以兜住万一从作业层掉下的材料或工具；外侧临街或高层建筑脚手架，架子外侧应设置双层安全防护棚，并用密目式安全网全封闭，以防物料坠落，并保护下面的人员。

（15）架上作业，人员不要太集中，堆料要平稳，不要过多过高过于集中，以免超载或坠落。上下架子要走专门通道，不要从上往下跳，避免冲击荷载，造成塌落。

(16) 建筑物外装修使用悬吊式脚手架时,作业前要检查吊装的索具拴结是否可靠,安全锁是否灵活,悬吊杆及挑架是否稳定,栏杆是否齐全牢固,脚手架是否铺严铺牢。上下吊架要走通道,不能从窗口爬上爬下,以防吊架移动造成坠落事故。作业时,操作人员要将安全带拴在安全绳上。

(17) 工程施工完毕经全面检查,确认不再需要架子时,经工程负责人签证后,方可进行拆除。

(18) 拆除顺序应遵循"自上而下,后装的构件先拆、先装的后拆,一步一清"的原则,依次进行。不得上下同时拆除作业,严禁用踏步式、分段、分立面拆除法。若确因装饰等特殊需要保留某立面脚手架时,应在该立面架子开口两端随其立面进度(不超过两步架)及时设置与建筑物拉结牢固的横向支撑。拆下的杆件、脚手板、安全网等应用竖直运输设备运至地面,严禁从高处向下抛掷。

参考:有关架子工的工作常识和安全防范知识请参阅本套教材之《架子工》。

4. 临时用电安全规定

(1) 施工现场临时用电必须采用三相五线制接零保护供电系统,必须实施"三级配电、两级漏电保护"的配电模式。

(2) 施工现场临时用电工程必须由电气工程技术人员负责管理,明确职责,并建立电工值班室和配电室,确定电气维修和值班人员。现场各类配电箱和开关箱必须确定检修和维护责任人。

(3) 建筑施工现场的电工、电焊工属于特殊作业工种,必须经有关部门技能培训考核合格后,持操作证上岗,无证人员不得从事电气设备及电线路的安装、维修和拆除。

(4)临时用电配电线路必须按规范架设整齐,架空线路必须采用绝缘导线,不得采用塑胶软线。电缆线路必须按规定沿附着物敷设或采用埋地方式敷设,不得沿地面明敷设。

(5)各类施工活动应与内、外电线路保持安全距离,达不到规范规定的最小安全距离时,必须采用可靠的防护和监护措施。

(6)配电系统必须实行分级配电。各级配电箱、开关箱的箱体安装和内部设置必须符合有关规定,箱内电器必须可靠完好,其选型、定值要符合规定,开关电器应标明用途,并在电箱正面门内绘有接线图。

(7)各类配电箱、开关箱外观应完整、牢固、防雨、防尘,箱体应外涂安全色标,统一编号,箱内无杂物。停止使用的配电箱应切断电源,箱门上锁。固定式配电箱应设围栏,并有防雨防砸措施。

(8)独立的配电系统必须按规范采用三相五线制的接零保护系统,非独立系统可根据现场实际情况采取相应的接零或接地保护方式。各种电气设备和电力施工机械的金属外壳、金属支架的底座必须按规定采取可靠的接零或接地保护。

(9)在采用接零或接地保护方式的同时,必须分级设置漏电保护装置,实行分级保护,形成完整的保护系统。漏电保护装置的选择应符合规定。

(10)现场金属架构物(照明灯架、垂直提升装置、超高脚手架)和各种高大设施必须按规定装设避雷装置。

(11)手持电动工具的使用,依据国家标准的有关规定采用Ⅱ类、Ⅲ类绝缘的手持电动工具。工具的绝缘状态、电源线、插头和插座应完好无损,电源线不得任意接长或调换,维修和检查应由专业人员负责。

(12)手持电动工具负荷线必须采用耐用型的橡皮护套铜芯电缆,电缆不得有老化或破损现象,中间不得有接头。

(13)手持电动工具应配备装有专用的电源开关和漏电保护器的开关箱,严禁一台开关接两台以上设备。

(14)手持电动工具开关箱内应采用插座连接,其插头、插座应无损坏,无裂纹,且绝缘良好。

(15)作业人员使用手持电动工具时,应穿绝缘鞋,戴绝缘手套,操作时握其手柄,不得利用电缆提位。

(16)长期搁置不用或受潮的工具在使用前应由电工测量绝缘阻值是否符合要求。

(17)一般场所采用220V电源照明的必须规定布线和装设灯具,并在电源一侧加装漏电保护器。特殊场所必须按国家标准规定使用安全电压照明器。

(18)施工现场的办公区和生活区根据用途按规定安装照明灯具和使用用电器具。食堂的照明和炊事机具必须安装漏电保护器。现场凡有人员经过施工活动的场所,必须提供足够的照明。

(19)使用行灯和低压照明灯具,其电源电压不应超过36V,行灯灯体与手柄应坚固、绝缘良好,电源线应使用橡套电缆线,不得使用塑胶线。行灯和低压灯的变压器应装设在电箱内,符合户外电气安装要求。

(20)现场使用移动式碘钨灯照明,必须采用密闭式防雨灯具。碘钨灯的金属灯具和金属支架应做良好接零保护,金属架杆手持部位采取绝缘措施。电源线使用护套电缆线,电源侧装设漏电保护器。

(21)使用电焊机应单独设开关,电焊机外壳应做接零或接地保护。一次线长度应小于 5m，二次线长度应小于 30m。电焊机两侧接线应压接牢固，并安装可靠防护罩。电焊把线应双线到位，不得借用金属管道、金属脚手架、轨道及结构钢筋做回路地线。电焊把线应使用专用橡套多股软铜电缆线，线路应绝缘良好，无破损、裸露。电焊机装设应采取防埋、防浸、防雨、防砸措施。交流电焊机要装设专用防触电保护装置。

（22）施工现场临时用电设施和器材必须使用正规厂家的合格产品，严禁使用假冒伪劣等不合格产品。安全电气产品必须经过国家级专业检测机构认证。

（23）检修各类配电箱、开关箱、电器设备和电力施工机具时，必须切断电源，拆除电气连接并悬挂警示标牌。试车和调试时应确定操作程序和设立专人监护。

（24）严禁在床头设立开关和插座。

（25）进入开关箱的电源线严禁用插销连接。

（26）电箱之间以及电箱和设备之间的距离不宜太远，分配电箱与开关箱的距离不得超过 30m，开关箱与用电设备的水平距离不得超过 3m。

（27）不准在宿舍工棚、仓库、办公室内用电饭煲、电水壶、电炉、电热杯等电器，如需使用应由管理部门指定地点，严禁使用电炉。

（28）不准在宿舍内乱拉乱接电源，非专职电工不准乱接或更换熔丝，不准以其他金属丝代替熔丝（保险丝）。

（29）严禁在电线上晾衣服和挂其他东西。

（30）不准在高压线下方搭设临建、堆放材料和进行施工作业。

（31）搬扛较长的金属物体，如钢筋、钢管等材料时，不要碰触到电线。

（32）在临近输电线路的建筑物上作业时，不能随便往下扔金属类杂物；更不能触摸、拉动电线或电线接触钢丝和电杆的拉线。

（33）移动金属梯子和操作平台时，要观察高处输电线路与移动物体的距离，确认有足够的安全距离，再进行作业。

（34）在地面或楼面上运输材料时，不要踏在电线上；停放手推车、堆放钢模板、跳板、钢筋时不要压在电线上。

（35）在移动有电源线的机械设备，如电焊机、水泵、小型木工机械等，必须先切断电源，不能带电搬动。

（36）当发现电线坠地或设备漏电时，切不可随意跑动或触摸金属物体，并保持10m以上距离。

5. 塔吊作业安全规定

（1）塔吊吊运作业区域内严禁无关人员入内，吊臂垂直下方不准站人，回转作业区内固定作业点要有双层防护棚。

（2）塔吊吊运过程中，任何人不准上下塔吊，更不准作业人员随塔吊吊物上下。

（3）起重吊装中要坚持"十不吊"的规定：①指挥信号不明不准吊。②斜拉斜挂不准吊。③吊物重量不明或超负荷不准吊。④散物捆扎不牢或物料装放过满不准吊。⑤吊物上有人不准吊。⑥埋在地下物不准吊。⑦安全装置失灵或带病不准吊。⑧现场光线阴暗看不清吊物起落点不准吊。⑨棱刃物与钢丝绳直接接触无保护措施不准吊。⑩六级以上强风不准吊。

（4）作业人员必须听从指挥人员的指挥。吊物提升前，指挥、司索和配合人员应撤离，防止吊物坠落伤人。

(5) 吊运散件时，应采用铁制料斗，料斗内装物高度不得超过料斗上口边，散粒状的轻浮易撒物盛装高度应低于上口边线 10cm，做到吊点牢固，不撒漏。

(6) 塔吊司机必须经由培训考核取得《特种作业操作证》的司机操作，禁止无证人员操作。

6. 外用电梯作业安全规定

(1) 电梯必须经由培训考核取得《特种作业操作证》的专职电梯司机操作，禁止无证人员随意操作。

(2) 六级以上强风时应停止使用电梯，并将笼降到底层。台风、大雨后，要先检查安全情况后方能使用。

(3) 多层施工交叉作业，同时使用电梯时，要明确联络信号。

(4) 电梯笼乘人、载物时使用应使荷载均匀分布，严禁超载使用。

(5) 电梯安装完毕正式投入使用之前，应在首层一定高度的地方搭设防护棚，搭设应按高处作业规范要求进行。

(6) 电梯底笼周围 2.5m 范围内，必须设置稳固的防护栏杆。各停靠层的过道口运输通道应平整牢固。

(7) 通道口处，应安装牢固可靠的栏杆和安全门，并应随时关好。其他周边各处，应用栏杆和立网等材料封闭。

(8) 乘笼到达作业层时待梯笼停稳后，先关好平台的安全防护门，进入平台后，随手关好平台的防护门。

(9) 从平台乘梯时，进入梯笼站稳后，先关好平台安全防护门，然后才关电梯笼的门，关好平台的安全门后，司机才能开动。

(10) 乘梯人在停靠层等候电梯时，应站在建筑物内，不得聚集在通道平台上，不得将头、手伸出栏杆和安全门外，不得以榔头、铁件、混凝土块等敲击电梯立柱标准节的方式呼叫电梯。

7. 龙门架(井字架)安全规定

(1) 龙门架应由专职司机操作，司机应经专门培训并持证上岗，禁止非司机操作开动卷扬机。

(2) 龙门架用于运送物料，严禁各类人员乘吊盘升降，装卸料人员在安全装置可靠的情况下才能进入到吊盘内工作。

(3) 吊盘上升或停在上方时，严禁进行井架内检修，禁止穿过吊盘底。

(4) 在龙门架提升作业环境下，任何人不得攀登架体和从架体下面穿过。

(5) 在用龙门架吊运砂浆时应使用料斗，并放置平稳。若用小斗车直接置于吊盘内装运，则必须设置能将斗车车轮进行制动的装置，且斗车把手及车头不能伸出吊盘边框，并应保持离吊盘外边框 20cm 距离，以防止吊运时斗车发生位移。

(6) 楼层平台作业口的作业人员，在等待吊盘到达期间，应站在离平台口内侧 50cm 处，严禁在平台内探头观望，以免发生意外。

8. 吊篮施工安全规定

(1) 操作人员必须经正规培训，考核合格后方能操作。

(2) 操作人员无不适应高处作业的疾病和生理缺陷。

(3) 作业时应佩戴安全帽，使用安全带，安全带上的自锁钩应扣在单独悬挂于建筑物顶部牢固部位的安全保险绳上。

(4) 酒后、过度疲劳、情绪异常者不得上岗。

（5）不允许单独一人进行作业。

（6）不允许穿拖鞋或塑料底等易滑鞋进行作业。

（7）作业人员必须在地面进出工作篮，不得在空中攀缘窗口出入。

（8）不允许作业人员从一悬挂篮跨入另一悬挂篮体。

（9）作业人员发现事故隐患或者不安全因素，有权要求单位采取相应劳动保护措施。

（10）对管理人员违章指挥，强令冒险作业，有权拒绝执行。

9. 中小型机械设备安全规定

（1）进场中小型机具必须经检验合格，履行验收手续后方可使用；

（2）应由专门人员操作并负责维修保养；

（3）机械设备操作应保证专机专人，持证上岗，严格落实岗位责任制，并严格执行清洁、润滑、紧固、调整、防腐的"十字作业法"。

（4）施工现场机械设备安全防护装置必须保证齐全、灵敏、可靠。

（5）施工现场的木工、钢筋、混凝土、卷扬机械、空气压缩机等必须搭设防砸、防雨的操作棚。

（6）各种机械设备要有安装验收手续，并在明显部位悬挂安全操作规程及设备负责人的标牌。

（7）认真执行机械设备的交接班制度，并做好交接班记录。

（8）施工现场机械严禁超载和带病运行，运行中禁止维护保养；操作人员离机或作业中停电时，必须切断电源。

（9）蛙式打夯机必须使用单向开关，操作扶手要采取绝缘措施。

（10）蛙式打夯机必须两人操作，操作人员必须戴绝缘手套和穿绝缘鞋。严禁在夯运转时清除积土。夯机用后应切断电源遮盖防雨布，并将机座垫高停放。

（11）固定卷扬机身必须牢固地锚。传动部分必须安装防护罩，导向滑轮不得使用开口拉板式滑轮。

（12）操作人员离开卷扬机或作业中停电时，应切断电源，将吊笼降至地面。

（13）搅拌机使用前必须支撑牢固，不得用轮胎代替支撑。移动时，必须先切断电源。启动装置、离合器、制动器、保险链、防护罩应齐全完好，使用安全可靠。搅拌机停止使用，将料斗升起，必须挂好料斗的保险链。料斗的钢丝达到报废标准时必须及时更换。维修、保养、清理时必须切断电源，设专人监护。

（14）圆锯的锯盘及传动部位应安装防护罩，并设置保险档、分料器。凡长度小于50cm，厚度大于锯盘半径的木料，严禁使用圆锯。破料锯与横截锯不得混用。

（15）砂轮机应使用单向开关。砂轮必须装设不小于180°的防护罩和牢固可调整的工作托架。严禁使用不圆、有裂纹的磨损剩余部分不足25mm的砂轮。

（16）平面刨、手压刨安全防护装置必须齐全有效。

（17）吊索具必须使用合格产品。

（18）钢丝绳应根据用途保证足够的安全系数。凡表面磨损、腐蚀、断丝超过标准的，或打死弯、断股、油芯外露的不得使用。

（19）吊钩除正确使用外，应有防止脱钩的保险装置。

（20）卡环在使用时，应保证销轴和环底受力。吊运大模板、大灰斗、混凝土斗和预制墙板等大件时，必须使用卡环。

参考：中小型机械使用常识和安全防范知识请参阅丛书《中小型机械工》。

10. 施工现场防火工作安全规定

（1）施工现场要有明显的防火宣传标志。

（2）施工现场必须设置临时消防车道。其宽度不得小于3.5m，并保证临时消防车道的畅通，禁止在临时消防车道上堆物、堆料或挤占临时消防车道。

（3）施工现场必须配备消防器材，做到布局合理。要害部位应配备不少于4具的灭火器，要有明显的防火标志，并经常检查、维护、保养、保证灭火器材灵敏有效。

（4）施工现场消火栓应布局合理，消防干管直径不小于100mm，消火栓处昼夜要设有明显标志，配备足够的水龙带，周围3m内不准存放物品。地下消火栓必须符合防火规范。

（5）高度超过24m的建筑工程，应安装临时消防竖管。管径不得小于75mm，每层设消火栓口，配备足够的水龙带。消防水要保证足够的水源和水压，严禁消防竖管作为施工用水管线。消防泵房应使用非燃材料建造，位置设置合理，便于操作，并设专人管理，保证消防供水。消防泵的专用配电线路应引自施工现场总断路器的上端，要保证连续不间断供电。

（6）电焊工、气焊工从事电气设备安装的电、气焊切割作业，要有操作证和用火证。用火前，要对易燃、可燃物采取清除、隔离等措施，配备看火人员和灭火器具，作业后必须确认无火源隐患后方可离去。用火证当日有效。用火地点变换，要重新办理用火证手续。

（7）氧气瓶、乙炔瓶工作间距不小于5m，两瓶与明火作业距离不小于10m。建筑工程内禁止氧气瓶、乙炔瓶存放，禁止使用液化石油气"钢瓶"。

（8）施工现场使用的电气设备必须符合防火要求。临时用电必须安装过载保护装置，电闸箱内不准使用易燃、可燃材料。严禁超负荷使用电气设备。

（9）施工材料的存放、使用应符合防火要求。库房应采用非燃材料支搭，易燃易爆物品应专库储存，分类单独存放，保持通风，用电符合防火规定。不准在工程内、库房内调配油漆、烯料。

（10）工程内部不准作为仓库使用，不准存放易燃、可燃材料，因施工需要进入工程内部的可燃材料，要根据工程计划限量进入并采取可靠的防火措施。废弃材料应及时消除。

（11）施工现场使用的安全网、密目式安全网、密目式防尘网、保温材料，必须符合消防安全规定，不得使用易燃、可燃材料。

（12）施工现场严禁吸烟，不得在建设工程内部设置宿舍。

（13）施工现场和生活区，未经有关部门批准不得使用电热器具。严禁工程中明火保温施工及宿舍内明火取暖。

（14）从事油漆粉刷或防水等危险作业时，要有具体的防火要求，必要时派专人看护。

（15）生活区的设置必须符合消防管理规定。严禁使用可燃材料搭设，宿舍内不得卧床吸烟，房间内住20人以上必须设置不小于2处的安全门；居住100人以上，要有消防安全通道及人员疏散预案。

（16）生活区的用电要符合防火规定。食堂使用的燃料必须符合使用规定，用火点和燃料不能在同一房间内，使用时要有专人管理，停火时将总开关关闭，经常检查有无泄漏。

四、建筑工人健康卫生常识

（一）常见疾病知识

1. 流行性感冒

（1）流行性感冒是如何传播的？

流行性感冒简称流感，是由流感病毒引起的一种急性呼吸道传染病。流感的传染源主要是患者，病后 1～7 天均有传染性。流感主要通过呼吸道传播，传染性很强，常引起流行。一般常突然发生，迅速蔓延，患者数多。

提示：发生流行性感冒时应注意与病人保持一定距离，以免传染。

（2）流行性感冒有哪些症状？

流感的症状与感冒类似：主要是发热及上呼吸道感染症状，如咽痛、鼻塞、流鼻涕、打喷嚏、咳嗽等。流感的全身症状重而局部症状很轻。

（3）流行性感冒如何预防？

1）最主要的是注射流感疫苗，疫苗应于流感流行前 1～2 个月注射。因流感冬季易发，故常于每年 10 月左右进行注射；

2）应当尽量避免接触病人，流行期间不到人多的地方去；

3）增强身体抵抗力最重要，生活规律、适当锻炼、合理营养、精神愉快非常关键；

4）避免过累、精神紧张、着凉、酗酒等。

2. 细菌性痢疾

（1）细菌性痢疾是如何传播的？

细菌性痢疾（简称菌痢），是夏秋季节最常见的急性肠道传染病，由痢疾杆菌引起，以结肠化脓性炎症为主要病变。菌痢主要通过粪—口途径传播，即患者大便中的痢疾杆菌可以污染手、食物、水、蔬菜、水果等而进入口中引起感染。细菌性痢疾终年均有发生，但多流行于夏秋季节。人群对本病普遍易感，幼儿及青壮年发病率较高。

（2）细菌性痢疾有哪些症状？

菌痢性痢疾病情可轻可重，轻者仅有轻度腹泻，重者可有发热、全身不适、乏力、恶心、呕吐、腹痛、腹泻。腹泻次数由一日数次至十数次不等，患者常有老想解大便可总也解不干净的感觉（里急后重），患者大便中常有黏液，重者有脓血。

（3）细菌性痢疾如何预防？

1）做好痢疾患者的粪便、呕吐物的消毒处理，管理好水源，防止病菌污染水源、土壤及农作物；患者使用过的厕所、餐具等也应消毒；

2）不喝生水，不生吃水产品，蔬菜要洗净、炒熟再吃，水果应洗净削皮后食用；

3）养成饭前、便后洗手的习惯，不吃被苍蝇、蟑螂叮咬过或爬过的食物，积极做好灭苍蝇、灭蟑螂工作；

4）加强体育锻炼，增强体质。

重点：注意个人卫生，养成饭前、便后洗手的习惯。

3. 食物中毒

(1) 细菌性食物中毒是如何传播的？

细菌性食物中毒是由于进食被细菌或细菌毒素污染的食物而引起的急性感染中毒性疾病。细菌性食物中毒是典型的肠道传染病，发生原因主要有以下几个方面：

1）食物在宰杀或收割、运输、储存、销售等过程中受到病菌的污染；

2）被致病菌污染的食物在较高的温度下存放，食品中充足的水分、适宜的酸碱度及营养条件使致病菌大量繁殖或产生毒素；

3）食品在食用前未烧透或熟食受到生食交叉污染；

4）在缺氧环境中（如罐头等）肉毒杆菌产生毒素。

(2) 细菌性食物中毒有哪些症状？

胃肠型细菌性食物中毒是食物中毒中最常见的一种，是由于食用了被细菌或细菌毒素污染的食物所引起的。绝大多数患者表现为胃肠炎的症状，如恶心、呕吐、腹痛、腹泻、排水样便等。腹泻一天数次到数十次不等，多数是稀水样便，个别人可有黏液血便、血水样便等，极少数患者可以发生败血症。

(3) 细菌性食物中毒如何预防？

1）**防止食品污染**：加强对污染源的管理，做好牲畜宰前后的卫生检验，防止感染；对海鲜类食品应加强管理，防止污染其他食品；要严防食品加工、贮存、运输、销售过程中被病原体污染；食品容器、刀具等应严格生熟分开使用，做好消毒工作，防止交叉污染；生产场所、厨房、食堂等要有防蝇、防鼠设备；严格遵守饮食行业和炊事人员的个人卫生制度；患化脓性病症和上呼吸道感染的患者，在治愈前不应参加接触食品的工作；

2）控制病原体繁殖及外毒素的形成：食品应低温保存或放在阴凉通风处，食品中加盐量达10%也可有效控制细菌繁殖及毒素形成；

3）彻底加热杀灭细菌及破坏毒素：这是防止食物中毒的重要措施，要彻底杀灭肉中病原体，肉块不应太大，加热时其内部温度可以达到80度，这样持续12分钟就可将细菌杀死；

4）凡是食品在加工和保存过程中有厌氧环境存在，均应防止肉毒杆菌的污染，过期罐头，特别是产气罐头（其盖鼓起）均勿食用。

4. 病毒性肝炎

（1）病毒性肝炎有哪些类型？

病毒性肝炎是由多种肝炎病毒引起的，以肝脏损害为主的一组全身性传染病。按病原体分类，目前已确定的有甲型肝炎、乙型肝炎、丙型肝炎、丁型肝炎、戊型肝炎，通过实验诊断排除上述类型肝炎者称为非甲-戊型肝炎。

（2）病毒性肝炎的传染源是什么？

甲型肝炎无病毒携带状态，传染源为急性期患者和隐性感染者。粪便排毒期在起病前2周至血清转氨酶高峰期后一周，少数患者延长至病后30天。

乙型肝炎属于常见传染病，可通过母婴、血液和体液传播。传染源主要是急、慢性乙型肝炎患者和病毒携带者。急性患者在潜伏期末及急性期有传染性，但不超过6个月。慢性患者和病毒携带者作为传染源的意义重大。

丙型肝炎的传染源是急、慢性患者和无症状病毒携带者。

丁型肝炎的传染源与乙型肝炎相似。

戊型肝炎的传染源与甲型肝炎相似。

（3）病毒性肝炎的主要表现？

1）疲乏无力、懒动、下肢酸困不适，稍加活动则难以支持；

2）食欲不振、食欲减退、厌油、恶心、呕吐及腹胀，往往食后加重；

3）部分病人尿黄、尿色如浓茶，大便色淡或灰白，腹泻或便秘；

4）右上腹部有持续性腹痛，个别病人可呈针刺样或牵拉样疼痛，于活动、久坐后加重，卧床休息后可缓解，右侧卧时加重，左侧卧时减轻；

5）医生检查可有肝脏肿大、压痛、肝区叩击痛、肝功能损害，部分病例出现发热及黄疸表现；

6）血清谷丙转氨酶及血中总胆红素升高有助于诊断。也可进一步做血清免疫学检查及明确肝炎类型。

（4）病毒性肝炎怎样预防？

病毒性肝炎预防应采取以切断传播途径为重点的综合性措施。

对甲型、戊型肝炎，重点抓好水源保护、饮水消毒、食品加工、粪便管理等，切断粪—口途径传播，注意个人卫生，饭前、便后洗手，不喝生水，生吃瓜果要洗净。对与急性病的甲型和戊型肝炎病人接触的易感人群，应注射人血丙种蛋白，注射时间越早越好。

对乙型、丙型和丁型肝炎，重点在于防止通过血液和体液的传播，各种医疗及预防注射，应实行一人一针一管，对带血清的污染物应严格消毒，对血液和血液制品应严格检测。对学龄前儿童和密切接触者，应接种乙肝疫苗；乙肝疫苗和乙肝免疫球蛋白联合应用可有效地阻断母婴传播；医务人员在工作中因医疗意外或医疗操作不慎感染乙肝病毒，应立即注射免疫球蛋白。

（二）艾滋病知识

1. 什么是艾滋病？

艾滋病是获得性免疫缺陷综合征的简称，它是由于感染了人类免疫缺陷病毒后引起的一种致死性慢性传染病。本病主要通过性接触和血液传播，病毒主要侵犯和破坏辅助性 T

淋巴细胞,破坏人体的免疫系统,使机体逐渐丧失防卫能力而不能抵抗外界的各种病原体,因此极易发生严重感染和肿瘤,最终导致死亡。

2. 艾滋病是如何传播的?

艾滋病虽然很可怕,但病毒的传播力并不是很强,它不会通过我们日常的活动来传播,也就是说,我们不会经握手、拥抱、共餐、共用办公用品、共用厕所、打喷嚏、蚊虫叮咬而感染,甚至照料感染者或艾滋病患者都没有关系,艾滋病的传播途径主要有以下:

(1) 性接触传播,是本病主要传播途径。艾滋病感染者的精液或阴道分泌物中有大量的病毒,在性活动时,很容易造成生殖器黏膜的细微破损,这时,病毒就会乘虚而入,进入未感染者的血液中。

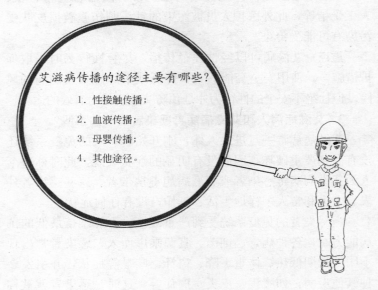

艾滋病传播的途径主要有哪些?
1. 性接触传播;
2. 血液传播;
3. 母婴传播;
4. 其他途径。

（2）血液传播。输血传播：如果血液里有病毒，输入此血者将会被感染；血液制品传播：有些病人（例如血友病）需要注射由血液中提取的某些成分制成的生物制品，有些血液制品中有可能有艾滋病病毒，使用血液制品就有可能感染上艾滋病；共用针具的传播：使用不洁针具可以把艾滋病病毒从一个人传到另一个人。如果与艾滋病病毒感染者共用一只未消毒的注射器，也会被留在针头中的病毒所感染。使用被血液污染而又未经严格消毒的注射器、针灸针、拔牙工具、都是十分危险的。

（3）母婴传播。如果母亲是艾滋病感染者，那么她很有可能会在孕期通过胎盘、分娩过程、产后接触血性分泌物及通过母乳喂养等传播给婴儿。

（4）其他途径。包括应用病毒携带者的器官进行移植、人工受精等，此外医护人员被污染的针头刺伤或破损皮肤受污染有可能受传染。

重点：艾滋病可以经性途径传播，尽管性行为时采取保护措施——使用安全套能够大大降低或消除感染艾滋病的风险，但杜绝不安全的性行为才是预防艾滋病最为有效的途径。

3. 艾滋病病人和艾滋病病毒感染者是一回事吗？

艾滋病病毒一旦进入人体，刚开始时，人的免疫系统还没有受到严重破坏，因而没有明显的症状表现，此时称这个人为艾滋病病毒感染者或艾滋病病毒携带者。这些感染者外表看上去和常人一样地生活、工作，没有任何症状。

当感染者的免疫系统受到严重破坏、不能维持最低的抗病能力时，各种病毒、细菌、真菌乘虚而入，感染者常出现不明的长期低热、体重下降、盗汗、咳嗽等症状，并引发多种其他疾病，如腹泻、皮炎、癌症等，这时，感染者就被称为艾滋病病人了。

一般来说，艾滋病病人肯定是艾滋病病毒感染者，而感染者却不一定是病人。两者的相同之处是体内都有艾滋病病毒，都能将病毒传染给他人。两者之间没有明显的界限，是一个渐渐发展的过程。从感染者发展为病人，一般需要几年的时间，影响发病快慢的因素很多，积极地寻求医学指导，进行有效的预防性治疗，注意保健等，都对延缓发病有着重要的作用。

4. 近年来我国艾滋病的流行状况如何？

（1）艾滋病流行范围广，上升趋势明显。1998年以来，全国已有31个省（自治区、直辖市）报告艾滋病疫情，到2003年底，全国有48%的县报告了疫情，报告总数逐年明显增加。

（2）传播途径以吸毒传播为主，但三种传播途径并存。通过对2003年我国疫情分析，吸毒为艾滋病主要传播方式，但经性传播及母婴传播的比例不断上升。

（3）部分地区出现集中发病和死亡。2001年以来，艾滋病发病人数迅速增加，一些地区已经出现集中发病和死亡的现象。根据推算，在我国艾滋病流行较早的地区，大量感染者已经到了发病期，如果没有进行有效的抗病毒治疗，病人发病后平均两年半后死亡。

（4）艾滋病正从高危人群向一般人群扩散。我国的艾滋病正由吸毒、卖淫、嫖娼等高危人群向一般人群扩散。2003年，一些地区的孕产妇、婚检等人群中艾滋病感染情况已较严重。

（5）女性感染者比例上升。女性感染者比例大幅度上升，女性感染者越来越多，可能造成母婴传播，影响后代的健康，后果严重。

重点：艾滋病威胁着每一个人和每一个家庭，影响着社会的发展和稳定，预防艾滋病是全社会的责任。

5. 为什么要做艾滋病病毒抗体检测，到哪可以做艾滋病病毒检测？

有人认为，既然艾滋病无法治愈，查出来也没有用，因而不愿意进行艾滋病病毒抗体检测，实际上早期接受检测可以得到以下益处：

（1）减少担忧；

（2）早期接受观察治疗；

（3）及早采取健康的生活方式，延缓向艾滋病的发展；

（4）及早采取措施保护家人，防止将病毒进一步传播给他人。

确定一个人是否感染了艾滋病病毒，目前通常的检查办法是到当地的卫生机构进行血液的艾滋病病毒抗体检测。如抗体检测呈阳性反应，表明这个人已经被艾滋病病毒感染。由于感染艾滋病病毒4～8周（一般不超过6个月）才能从血液中检测出艾滋病病毒抗体，所以怀疑自己可能感染了病毒，应尽早去做检测。检测的结果若为阴性，应在3～6个月后再去医院复查。我国省、市级卫生防疫站、皮肤病防治所、各大医院都可以进行。目前艾滋病病毒抗体检测已成为各地血站或血液中心的常规检测项目。关于对检测结果的保密问题，国家有明文规定："任何单位和个人不得歧视艾滋病病人、病毒感染者和其家属。不得将病人和感染者的姓名、住址等有关情况公布或传播。"

6. 艾滋病对个人、家庭及社会有什么危害？

（1）艾滋病感染者一旦发展成病人，健康状况就会迅速恶化，各种病菌侵入他们的身体，病人出现各种并发症，最后在痛苦中失去生命；

（2）感染者和病人的医疗、护理、营养费用大大增加了家庭的经济负担；

（3）感染了艾滋病的个人及其家人往往在工作、学习、住宿、婚姻等方面受到社会的歧视，导致个人生活、工作的困难，而且会严重伤害他们的心理，甚至容易引起家庭内部的不和，最终导致家庭破裂。

提示：艾滋病会造成不可挽回的身心伤害，或家破人亡，或死亡与毁灭。

7. 艾滋病病毒可以被杀灭吗？

艾滋病病毒一旦进入人体内就很难被彻底消灭。但离开人体后，艾滋病病毒变得非常脆弱，对外界环境的抵抗力较

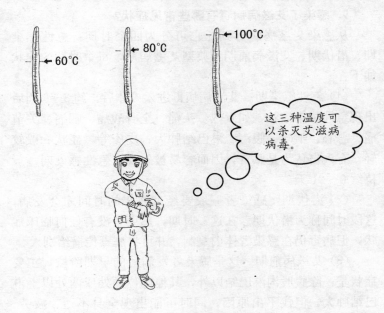

弱，正常温度下只能存活数小时到数天。干燥以及常用消毒药品都可杀灭这种病毒。权威机构证明，温度达60度3小时、80度半小时或100度20分钟可杀灭艾滋病病毒。艾滋病病毒的抵抗力比乙型肝炎病毒弱得多，对乙肝病毒的消毒方法同样适用艾滋病病毒。

8. 艾滋病病毒藏在哪里？

艾滋病病毒主要存在于艾滋病病毒感染者或艾滋病病人的血液、精液、阴道分泌物、乳汁、伤口渗出液等体液中，还存在于淋巴细胞、肝、骨髓、心、肾等组织与器官中。其中，血液和精液中的艾滋病病毒浓度最高，很容易传播给他人。汗液、尿液和粪便等都不含有或只含有极少的艾滋病病毒，因此不会造成传播。

9. 感染了艾滋病病毒有哪些常见症状？

从感染艾滋病病毒到死亡可分为四个时期：急性感染期、潜伏期、艾滋病前期和典型艾滋病期，每个时期的症状如下：

（1）急性感染期。艾滋病病毒进入人体后，约3～6周后出现急性感染症状，如发热、头痛、全身酸痛、咽痛、关节痛、恶心、呕吐、腹泻、淋巴结肿大、皮疹等，症状一般较轻，有人自认为是感冒，因而容易被忽视，急性感染期一般持续3～21天。

（2）潜伏期，感染者一般要经过几年的时间才会发病，这段时间称为潜伏期。在这一时期，感染者没有任何临床症状，但病毒仍在感染者体内复制，并可将病毒传播给别人。

（3）艾滋病前期。这是感染者发病后的早期阶段，主要症状是：除腹股沟淋巴结以外，其他部位两处或两处以上淋巴结肿大，但找不出原因，同时可能出现全身不适、疲劳、发热、夜间盗汗、腹泻、体重下降等症状和神经系统疾病等。

(4) 典型艾滋病期。这是感染者发病后的末期,免疫功能全面下降,病人出现各种严重的综合病症,直到死亡。由于免疫功能严重减弱,病人常常被各种病毒、细菌、真菌、寄生虫等感染,严重的会发生肿瘤。病人可能会感觉全身无力,渐渐消瘦,可能出现不明原因的持续发热、慢性腹泻及各种感染性疾病,也可能出现神经系统疾病和淋巴性肿瘤,中青年病人还可能出现痴呆症等。

10. 处在窗口期的感染者会传播艾滋病病毒吗?

从艾滋病病毒进入人体,到人体产生针对该病毒的抗体,并能用目前的方法检测出抗体之前的这段时间,称为窗口期。窗口期通常为2周到3个月,少数人可达4个月或5个月,很少超过6个月。在这段时间,感染者的血液中查不出病毒抗体,但能够将病毒传给别人。因此,怀疑感染艾滋病病毒而初筛检查阴性者,应在3个月后复查或进行艾滋病病毒核酸检测,因为此人有可能处在艾滋病的窗口期。处在窗口期的感染者是一个"隐形杀手",可以很隐藏地将艾滋病病毒传播给别人。

11. 日常生活和工作接触会感染艾滋病病毒吗?

艾滋病病毒只能通过体液向体外排出,它不会通过呼吸道随飞沫呼出,也不会通过消化道从粪便中排出。只有通向体液的入口才是艾滋病病毒进入人体的大门,正常的皮肤和黏膜,艾滋病病毒是无法侵入的,只是当皮肤和黏膜有破损时,艾滋病病毒才可以进入人体。

所以,与艾滋病病毒感染者或病人的日常生活和工作接触不会被感染。

重点：日常生活和工作接触不会感染艾滋病。

12. 与艾滋病病毒感染者或病人握手会被传染吗?

双方手部皮肤在无破损的情况下，一般社交上的握手应该是安全的，不会传染艾滋病。如果双方手部皮肤都有破损，握手有可能传染艾滋病病毒。

13. 蚊子叮咬会传播艾滋病病毒吗?

蚊子叮咬不会传播艾滋病病毒，原因是：

（1）蚊子在吸血后通常不会马上去叮咬下一个人，而是休息一下，将艾滋病病毒作为食物消化掉，因而病毒在蚊子体内的存活时间很短，也不能被复制。

（2）蚊子在吸血时，不会将它已经吸到肚里的血再反吐到被叮咬人的体内，而只是注入唾液作为润滑剂。

（3）叮咬了感染者的蚊子口中的病毒数量太少，不会感染它叮咬的下一个人；当蚊子叮咬人被打死后，从被叮咬的皮肤创口进入人体内的病毒数量也很少，不会引起感染。

（4）从艾滋病开始流行到现在，还没有发现有人被蚊子叮咬而感染艾滋病病毒。世界上有几千万感染者，他们的邻居、家人并没有因为被蚊子叮咬而感染艾滋病病毒。

14. 与艾滋病病毒感染者或病人吃饭有被传染的危险吗？

没有危险。因为艾滋病病毒不会通过消化道进入人的血液中，胃肠道里的酸性消化液能很快将病毒杀灭。

重点：与艾滋病病人共同进餐等日常生活是安全的。

15. 输血、打针、治牙可能感染艾滋病病毒吗？

如果所输的血液检测合格，注射用具、治牙用具真正做到一人一套并且所用工具能严格消毒，一般不会感染艾滋病病毒。但是，一些非正规的医疗、美容机构并不能严格检测血液、严格消毒各种工具，顾客在这里就有可能感染艾滋病病毒。

16. 献血会感染艾滋病病毒吗？

在正规机构无偿献血，一般不会感染艾滋病病毒。但是，如果在一些地下血站非法卖血，抽血工具不能严格消

毒，就有可能发生感染；如果卖血时提取了血液里的血浆再把红细胞输回体内，且抽血工具不能严格消毒，感染艾滋病病毒的危险就更大了。

17. 卖血者感染艾滋病病毒的危险大吗？

我国禁止非法卖血，但我国人口众多，用血量大，一些不法分子在地下非法血站私自采血，将血液作为商品卖出，获得大量金钱，部分农民走出家门卖血，也成了艾滋病的高危人群。

地下非法血站的卫生条件通常极差，大部分工作人员缺乏卫生意识，操作简单。抽血前，工作人员对卖血者体检一般不严格，或者根本不体检；抽血时，他们常常让许多人共用一个针头、针筒，而且没有进行严格的消毒或者根本不消毒。这些极大地"方便"了艾滋病病毒的传播，这种传播速度相当快。

一些静脉吸毒者在没有钱购买毒品的情况下，会到地下非法血站卖血；一些从事卖淫嫖娼行为的高危人群也会到这些场所卖血。这些高危人群的加入，更容易使艾滋病病毒大范围传播。

通常地下非法血站也会对前来卖血的人进行登记，每次供血的时间也都有记录。不经过规定的时间间隔，卖血者是不能再次供血的。卖血者为了多卖几次血，就向其他城市流动，到处卖血，形成了一支流动的卖血队伍，一旦队伍中有感染者，艾滋病病毒就会像播种一样，感染大批量的人。

刚刚感染了艾滋病病毒的卖血者，在外表上与常人一样，没有症状。因而，他们并不知道自己已经是感染者，回家后可能会将病毒传给家人。

18. 怎样预防艾滋病病毒经性接触途径传播？

首先要树立健康积极的恋爱、婚姻、家庭及性观念，要洁身自爱，不轻率地进出某些娱乐场所。安全套是阻止艾滋病病毒进入人体的"防火墙"，在性生活中正确、全程使用质量合格的安全套，不仅可以有效减少感染艾滋病病毒的危险，还可以起到避孕的作用。

重点：坚持并正确使用质量合格的安全套是预防艾滋病危害最简便有效的措施；不要嫌麻烦，嫌一点小小的麻烦会给自己找来真正的大麻烦，不安全的性行为对健康的威胁是致命的。

19. 怎样预防艾滋病病毒经血液途径传播？

（1）尽量避免输血，如万不得已，在接受输血前，要确定血液来源是否正规，也就是说该血液要经过艾滋病病毒抗体检测，要确认不带有艾滋病病毒；不轻易用血液制品，更不要自己使用从国外带回的血液制品。

（2）不到非法的地下采血点去卖血，要参加国家血站组织的无偿献血。因为大多数非法地下采血点为了牟取暴利，常常给卖血者使用没有消毒的针管和针头，这样非常容易传播艾滋病病毒。

（3）千万不能尝试吸毒，已有毒瘾的人必须立即戒毒。因为吸毒不仅危害健康，而且静脉注射毒品时，最容易通过没有消毒或消毒不严格的针管和针头感染艾滋病病毒。

（4）如果需要接受拔牙或其他口腔治疗，以及使用注射、针刺治疗、内窥镜检查等，必须到正规的医疗机构，因为在这些治疗或检查过程中往往会发生出血，而正规的医疗机构都能严格消毒，一般不会引起艾滋病病毒的传播。

（5）日常生活中，还要注意以下几点：不要到消毒不严格的理发馆、美容院去理发或美容；不要互相借用电动剃须刀、刮脸刀；不要与别人共用牙刷；最好不要文身。

（6）有时在日常生活中也会发生一些意外事故，当有人流血时，一定要设法不让他的血液直接沾染皮肤；如果身上皮肤有伤口时，就更不能沾到受伤者的血液了。你可以用衣服、塑料来隔开受伤者。平时不要打架斗殴，因为打架斗殴双方难免流血，如果一方带有艾滋病病毒，完全有可能传染给另一方。

重点：请尽量规避、努力克服非安全、健康的行为。

20. 怎样预防艾滋病病毒经母婴途径传播？

育龄妇女要生孩子，一般不会采取避孕措施，这样夫妻双方，如果一方带有艾滋病病毒，另一方就会很快感染上。因此，男女双方最好在婚前检测艾滋病病毒抗体，婚后严格遵守性道德，互相保持忠诚。

感染艾滋病病毒的妇女怀孕后，血液中的病毒会通过胎盘传播到婴儿体内，也可在阴道分娩、母乳喂养的过程中将艾滋病病毒传染给她的孩子。而孩子一旦感染上艾滋病病毒，通常活不过2～3年。

如果感染艾滋病病毒的孕妇坚持要生下孩子，那么为了最大限度地减少新生儿感染艾滋病的危险，必须到有条件的医院就医，进行妊娠期与妊娠后的药物预防，在分娩时采用剖宫产方式，而且产后要采取人工喂养。

21. 农民工如何预防艾滋病？

（1）防止通过不安全的性行为感染艾滋病病毒，性行为时要全程、正确使用安全套；

（2）防止通过血液感染艾滋病病毒，千万不要到地下采血点或一些不正规的血站卖血,也不要轻易使用血制品,如果非用不可,一定要搞清楚它的来源,确定它被检测过是安全的,否则不仅损害健康,还容易感染艾滋病病毒;

(3) 要防止通过母婴途径传播艾滋病病毒,因为在怀孕和分娩过程中,很容易把艾滋病病毒传染给孩子,而孩子一旦感染了艾滋病病毒,就活不了几年。

提示:远离亲人、工作繁重、生活单调是建筑工地生活的基本特点,面对工地周边"灯红酒绿"的诱惑,多想一想回乡时是带给父母、妻儿安宁富裕,还是挥之不去的病魔。

22. 艾滋病病毒感染者家属如何预防艾滋病?

一般情况下,艾滋病病毒感染者如没有明显的不适或并发性感染,就不用住院。那么,为预防艾滋病,家人需要采取以下措施:

(1) 不要让自己的皮肤接触到感染者的血液或体液;

(2) 夫妻间正确地使用质量可靠的安全套;

(3) 被艾滋病病毒感染者的血液、分泌物、排泄物污染的物品应严格消毒以后再处理;

(4) 有皮肤创伤或患皮肤病的人,最好不要去照顾艾滋病病人;

(5) 艾滋病病毒感染者与家人的衣物要分开放、分开洗,带有感染者血液或排泄物的衣物应消毒后再洗涤;

(6) 艾滋病病毒感染者的废物要严格消毒处理后再抛弃或直接焚烧;

(7) 如果艾滋病病毒感染者已出现精神失常,拒绝与家人合作,不能保持环境卫生时,家人要及时将他(或她)送入医院治疗。

23. 怀疑自己感染了艾滋病病毒怎么办？

如果怀疑自己感染了艾滋病病毒，应该到艾滋病检测机构抽血化验，检查血液中的艾滋病病毒抗体。

现在，我国实施了免费的艾滋病自愿咨询检测，可以在当地疾病预防控制中心和卫生行政部门指定的医疗机构，得到免费咨询和艾滋病病毒抗体初筛检测，而且这些咨询和检测是保密的。如果艾滋病病毒抗体初筛结果阳性，可以去做艾滋病病毒抗体确认试验，如果还是阳性，就可以确定感染了艾滋病病毒。

重点：如果发生不安全的性行为或与他人共用注射器吸食毒品后，出现不适时，可以打电话或前往当地的"疾病预防控制中心"咨询，并寻求免费检测。中心对咨询者的个人资料绝对保密，咨询者的隐私权受到法律保护。为了避免将疾病传染给配偶或孩子，发生高危行为后，请主动寻求免费的艾滋病咨询检测。

24. 艾滋病自愿咨询检测对于预防控制艾滋病有什么作用？

艾滋病自愿咨询检测是指：自愿接受艾滋病咨询和检测的人员，可在各级疾病预防控制中心和卫生行政部门指定的医疗机构，得到免费咨询和艾滋病病毒抗体初筛检测。

艾滋病病毒咨询检测的作用有三点：

（1）可帮助感染者尽早获得社会支持和应有的治疗与照料，有利于他们延缓发病、提高生活质量，也促使他们减少危险行为，采取和保持安全行为，有助于保护家人和朋友，减少在社会上的传播机会；

（2）可以使有过高危行为的妇女受到教育和启发，并尽早采取避孕、终止妊娠等措施；

（3）加强对重点人群进行艾滋病自愿咨询检测，可使他们减少危险行为,促进安全行为,并尽早发现、及时治疗,从而预防控制艾滋病病毒的传播。

艾滋病自愿咨询检测能够减少新发感染,稳定受检者情绪,让他们做好充足准备去战胜艾滋病,这是一项投入少、效果好的预防措施,对预防控制艾滋病有重要作用。

25. 到哪里接受艾滋病自愿咨询、检测?

各省、自治区、直辖市的疾病预防控制中心(或卫生防疫站)、卫生检疫机构、各级血站和血液中心、具备艾滋病病毒抗体实验室检测初筛资格的医院,均可从事艾滋病病毒抗体检测。目前,大部分省市都有一个确认实验室,一般设在省级疾病预防控制中心,负责本省阳性标本的复核和确认工作。上述机构在提供艾滋病病毒抗体检测同时也提供有关艾滋病方面的咨询,包括电话咨询、信函咨询和门诊咨询等。

26. 为保护接受艾滋病自愿咨询检测者的隐私,有关机构会采取哪些保密措施?

为保护接受艾滋病自愿咨询检测者的隐私,有关机构采取以下保密措施:

(1) 确保咨询环境安静、不被打扰;

(2) 未经本人同意,不记录与求询者个人识别特征有关的信息;

(3) 将所有咨询资料(病历、登记表、化验单等)存放在能加锁的柜子内,专人保管;

(4) 未经本人同意,不接受对有关求询者感染情况的调查;

(5) 对咨询内容、检测结果,以及求询者前来咨询这件事均严格保密。

27. 如何治疗艾滋病?

艾滋病是不能治愈的,但通过治疗可以缓解症状,延长生命,一般从以下几方面进行治疗:

(1) 心理治疗,对抑郁、绝望的病人,要进行心理和精神方面的治疗和支持;

(2) 营养治疗,随着病情的加重及各种继发感染,病人体质消耗多,会发生进行性营养不良,所以要给病人补充蛋白质、热量等,胃肠功能不好的人,必要时可以静脉补液;

(3) 对症治疗,如降温、纠正贫血、吸氧、补液等;

(4) 治疗和预防机会性感染,针对不同病原感染进行治疗;

(5) 免疫治疗,通过多种免疫疗法,增强患者免疫功能,延缓疾病进展。

此外,还有抗病毒治疗、中医药治疗及基因治疗等方法。

28. 艾滋病病人怎样进行自我关怀?

医疗机构、社区、家庭的关怀,可能给艾滋病病人一个良好的生存环境,而艾滋病病人的自我关怀非常重要,那么怎样进行自我关怀呢?

艾滋病病人自我关怀中要随时观察自己病情的变化,日常生活中积极采取各种疾病预防措施,搞好自己的营养、个人卫生,加强锻炼,提高机体的免疫功能,延缓病情的进展;还要采取安全的行为和良好的生活方式,避免将疾病传播给家人;此外,还可以通过参加各种自助活动,在艾滋病病人之间开展相互的关怀护理和自救。

但自我关怀也可能造成自我封闭,使艾滋病病人缺乏与外界的交流,自我保健、护理的能力有时也不够,有时也可能会感觉孤独。所以,艾滋病病人的自我关怀要建立在医疗机构、社区、家庭关怀的基础上,有相应的医疗、心理、政策、经济、法律等方面的支持。

29. 艾滋病病毒感染者怎样延缓艾滋病的发病?

艾滋病病毒感染者不一定都发展成为艾滋病,因为世界上还有5%的艾滋病感染者,在确定感染了艾滋病病毒十多年后,至今没有发病。

艾滋病病毒感染者要从各方面爱护自己的身体。艾滋病病毒主要破坏免疫系统,而保持良好的心理状态有利于保护免疫功能,所以感染者要保持积极的生活态度,尽可能继续工作,把精力投入到有意义的活动中,分散自己的注意力;与朋友、家人保持交往,不要孤立自己;与自己信任的人讨论遇到的问题;出现健康问题时要及时寻求医疗服务和咨询,减轻心理压力。

平时生活要有规律,起居正常,保持足够的睡眠,不要过度劳累。日常饮食要营养均衡,餐量要适中,最好少食多餐。还要注意锻炼身体,尽量改变不良嗜好,戒烟、戒酒,更不能吸毒。

30. 感染了艾滋病病毒后怎样避免将病毒传播给他人？

感染了艾滋病病毒的人为了避免将病毒传播给他人，要注意以下几点：

（1）要让自己的伴侣了解实情，性行为时正确使用质量可靠的安全套；

（2）不要献血，不要与他人共用注射器、牙刷和剃须刀等，如发生意外流血事件，不要让别人接触到你的血液和伤口；

（3）如果是育龄妇女，要避免怀孕，一旦怀孕，最好去做人工流产，如果非生不可，要采取措施，产后不要为自己或别人的孩子哺乳；

（4）不要饲养宠物，减少由宠物引起传播的可能性；

（5）如果到医院检查治疗会有出血的可能时，如外科手术、牙科治疗等，要向医务人员说明情况，防止将艾滋病病毒传播给他人。

31. 面对艾滋病，如何建立健康的心理？

健康人应该了解艾滋病的三种主要传播途径，这样就会知道，在日常生活和工作中，与艾滋病病毒感染者握手、拥抱、礼节性接吻、一起吃饭以及共用劳动工具、办公用品、钱币等，是不会感染艾滋病病毒的。而且，艾滋病病毒一般不会经马桶圈、电话机、餐具、游泳池或浴池等公共设施传播。所以，大家在面对艾滋病病毒感染者的时候应该保持一颗平常心，在生活、学习、工作等方面给予他们关心和帮助，主动和他们握手，和他们一起聚餐，一起生活，一起参加文艺节目，让他们感觉到社会的温暖，鼓励他们走出人生的低谷，重新树立起对生活的信心。

对艾滋病病毒感染者来说，首先要正视、面对和接受现实，积极寻求医学咨询和治疗，听从医嘱，定期复查；还要努力保持心态平和，做自己喜欢和有益的事，千万不要丧失希望，要勇敢地活下去。目前，对艾滋病的防治研究工作正在全世界深入进行，也许不久的将来，人类就能找到特效的治疗方法，因此艾滋病病人每多活一些时候，希望就多一点。另外，艾滋病病人或感染者在身体健康状况允许的情况下，要通过自己的例子教育身边的人如何预防艾滋病，从而使他们远离艾滋病。

32. 什么是"四免一关怀"？

面对艾滋病防治的严峻形势，我国政府确立了"预防为主，宣传教育为主，防治结合，标本兼治，综合治理"的艾滋病防治基本策略。国家制订了"四免一关怀"等一系列

预防控制和医疗救治的重大政策措施,建立了"政府主导、部门配合、社会参与"的防治工作机制。"四免一关怀"是当前和今后一个时期我国艾滋病防治最有力的政策措施。

"四免一关怀"中的"四免"分别是:对农民和城镇经济困难人群中的艾滋病病人免费提供艾滋病抗病毒治疗药物;所有自愿接受艾滋病咨询检测的人员可得到免费咨询和初筛检测;为感染艾滋病病毒的孕妇提供健康咨询、产前指导和分娩服务,同时免费提供母婴阻断药物和婴儿检测试剂;对艾滋病患者的遗孤实行免费就学。

"一关怀"指的是国家对生活困难的艾滋病患者给予必要的生活救济,积极扶持有生产能力的艾滋病病毒感染者开展生产活动,不能歧视艾滋病病毒感染者和病人。

提示:个人的行为能力和控制能力是有限的,仅凭个人的力量常常不足以抵御邪恶的侵袭,请别忘记群体的力量。切记:您不是孤独的。

(三)职业病知识

1. 什么是职业病?

所谓职业病,是指企业、事业单位和个体经济组织的劳动者在职业活动中,因接触粉尘、放射性物质和其他有毒、有害物质等因素而引起的疾病。对于患职业病的,我国法律规定,应属于工伤,享受工伤待遇。

2. 建筑企业常见职业病有哪些?

(1)接触各种粉尘,引起的尘肺病;

(2)电焊工尘肺、眼病;

(3)直接操作振动机械引起的手臂振动病;

(4) 油漆工、粉刷工接触有机材料散发的不良气体引起的中毒；

(5) 接触噪声引起的职业性耳聋；

(6) 长期超时、超强度地工作，精神长期过度紧张造成相应职业病；

(7) 高温中暑等。

3. 得了职业病怎么办？

劳动者如果怀疑所得的疾病为职业病，应当及时到当地卫生部门批准的职业病诊断机构进行职业病诊断。对诊断结论有异议的，可以在30日内到市级卫生行政部门申请职业病诊断鉴定，鉴定后仍有异议的，可以在15日内到省级卫生行政部门申请再鉴定。被诊断、鉴定为职业病，所在单位应当自被诊断、鉴定为职业病之日起30日内，向统筹地区劳动保障行政部门提出工伤认定申请。

提示：劳动者日常需要注意收集与职业病相关的材料。

4. 职业病应当如何诊断？

根据国家《职业病防治法》和《职业病诊断与鉴定管理办法》的有关规定，具体程序为：

（1）职业病诊断应当由省级以上人民政府卫生行政部门批准的医疗卫生机构承担，劳动者可以在用人单位所在地或者本人居住地依法承担职业病诊断的医疗卫生机构进行职业病诊断。

（2）当事人申请职业病诊断时应当提供以下材料：①职业史、既往史；②职业健康监护档案复印件；③职业健康检查结果；④工作场所历年职业病危害因素检测、评价资料；⑤诊断机构要求提供的其他必需的有关材料。

（3）职业病诊断应当依据职业病诊断标准，结合职业病危害接触史、工作场所职业病危害因素检测与评价、临床表现和医学检查结果等资料，综合做出分析。

（4）职业病诊断机构在进行职业病诊断时，应当组织三名以上取得职业病诊断资格的执业医师进行集体诊断。

（5）职业病诊断机构做出职业病诊断后，应当向当事人出具职业病诊断证明书。职业病诊断证明书应当明确是否患有职业病，对患有职业病的，还应当载明所患职业病的名称、程度(期别)、处理意见和复查时间。

(6) 当事人对职业病诊断有异议的,在接到职业病诊断证明书之日起 30 日内,可以向做出诊断的医疗卫生机构所在地设区的市级卫生行政部门申请鉴定。

(7) 当事人申请职业病诊断鉴定时,应当提供以下材料:①职业病诊断鉴定申请书;②职业病诊断证明书;③其他有关资料。职业病诊断鉴定办事机构应当自收到申请资料之日起 10 日内完成材料审核,对材料齐全的发给受理通知书;材料不全的,通知当事人补充。职业病诊断鉴定办事机构应当在受理鉴定之日起 60 日内组织鉴定。

(8) 鉴定委员会应当认真审查当事人提供的材料,必要时可能听取当事人的陈述和申辩,对被鉴定人进行医学检查,对被鉴定人的工作场所进行现场调查取证。

(9) 职业病诊断鉴定书应当包括以下内容:①劳动者、用人单位的基本情况及鉴定事由;②参加鉴定的专家情况;③鉴定结论及其依据,如果为职业病,应当注明职业病名称,程度(期别);④鉴定时间。职业病诊断鉴定书应当于鉴定结束之日起 20 日内由职业病诊断鉴定办事机构发送当事人。

案例:老张是一家建筑公司的电焊工,每天从事建筑工地上的钢筋焊接工作。有一天,老张突然感到眼部不适,有剧烈的疼痛感。经医院检查,老张双眼睑皮肤轻微红肿,球结膜混合充血,角膜上皮细点状脱落,荧光素染色阳性,初步诊断为从事电焊工作造成的电光性眼炎。老张听说自己的病可能属于职业病,老张想进一步确认的话,应该按照上述程序进行诊断确认。

5. 劳动者有权利拒绝从事容易发生职业病的工作吗?

劳动者依法享有保持自己身体健康的权利,因此,对于是否选择从事存在职业病危害的工作,应当由劳动者依照其自己的意愿决定。而要使劳动者能够自行决定是否选择从事该工作,就应当保证劳动者对相关工作内容以及其可能带来的危害有一定的了解。正因为如此,《中华人民共和国职业病防治法》规定:"用人单位与劳动者订立劳动合同(含聘用合同,下同)时,应当将工作过程中可能产生的职业病危害及其后果、职业病防护措施和待遇等如实告知劳动者,并在劳动合同中写明,不得隐瞒或者欺骗。""劳动者在已订立劳动合同期间因工作岗位或者工作内容变更,从事与所订立劳动合同中未告知的存在职业病危害的作业时,用人单位应当依照前款规定,向劳动者履行如实告知的义务,并协商变更原劳动合同相关条款。""用人单位违反前两款规定的,劳动者有权拒绝从事存在职业病危害的作业,用人单位不得因此解除或者终止与劳动者所订立的劳动合同。"

另外,根据《中华人民共和国职业病防治法》的规定,用人单位违反本规定,订立或者变更劳动合同时,未告知劳动者职业病危害真实情况的,由卫生行政部门责令限期改正,给予警告,可以并处2万元以上5万元以下的罚款。

根据前述规定,如果用人单位没有将工作过程中可能产生的职业病危害及其后果、职业病防护措施和待遇等如实告知劳动者,并在劳动合同中写明,那么劳动者就有权利拒绝从事存在职业病危害的作业,并且用人单位不得因劳动者拒绝从事该作业而解除或者终止劳动者的劳动合同。

6. 患职业病的劳动者有权获得哪些保障?

首先,患职业病的劳动者有权利获得职业保障。国家《劳动合同法》规定,用人单位以下情形不得解除劳动合同:①患职业病或者因工负伤并确认丧失或者部分丧失劳动能力的；②患病或者负伤，在规定的医疗期内的。职业病病人依法享受国家规定的职业病待遇，用人单位对不适宜继续从事原工作的职业病病人，应当调离原岗位，并妥善安置。

其次，患职业病的劳动者有权利获得医疗保障。国家《职业病防治法》规定："职业病病人依法享受国家规定的职业病待遇。用人单位应当按照国家有关规定，安排职业病病人进行治疗、康复和定期检查。"

第三，患职业病的劳动者有权利获得生活保障。《职业病防治法》规定："劳动者被诊断患有职业病，但用人单位没有依法参加工伤社会保险的，其医疗和生活保障由最后的

患职业病的劳动者有权获得哪些保障？

1. 患职业病的劳动者有权获得职业保障。
2. 患职业病的劳动者有权获得医疗保障。
3. 患职业病的劳动者有权获得生活保障。
4. 患职业病的劳动者有权依法获得赔偿。

劳动者享有获得劳动安全卫生保护的权利，劳动者对用人单位管理人员违章指挥、强令冒险作业，有权拒绝执行；对危害生命安全和身体健康的行为，有权提出批评、检举和控告。

用人单位承担。

最后,患职业病的劳动者有权利依法获得赔偿。职业病病人除依法享有工伤社会保险外,依照有关民事法律,尚有获得赔偿的权利的,有权向用人单位提出赔偿要求。

案例:老刘是某建筑公司的技术员,2006年经诊断鉴定后被确认为职业病患者并丧失了部分劳动能力。现在,老刘所在的单位正在搞竞争上岗、优化组合的改革。由于自己患了职业病,而且已经部分丧失劳动能力,老刘担心自己竞争不到岗位。因此,老刘想知道,劳动者在患了职业病之后依法可以获得哪些保障。

具体保障同上。

7. 职工患职业病能直接一次性了断吗?

职工患病后,应当先行治疗,然后进行职业病的诊断和鉴定。如果职工按照《职业病防治法》规定被诊断、鉴定为职业病,必须向劳动保障行政部门提出工伤认定申请,由劳动保障行政部门做出工伤认定。如果职工经治疗伤情相对稳定后存在残疾、影响劳动能力的,还应当进行劳动能力鉴定。最后职工才可按照《工伤保险条例》规定的标准享受工伤保险待遇。以上程序是职工患职业病后享受工伤待遇所必需的,是切实保障职工合法权益的基础。但在实际生活中,一些用人单位和职工由于不懂工伤法律或者怕麻烦、图省事,在职工患病后就直接约定进行一次性工伤补助,这种做法是不可取的。当然,如果工伤职工愿意,待治愈或病情稳定做出工伤伤残等级鉴定后,可参照有关工伤的规定依法与企业达成一次性领取工伤待遇的相关协议。

8. 治疗职业病的有关费用应当由谁支付?

首先应当明确的是,检查、治疗、诊断职业病的,劳动者本人不承担相关费用。这些费用依照规定,应当由用人单位负担或者从工伤保险基金中支付。

(1)职业健康检查费用由用人单位承担;

(2)救治急性职业病危害的劳动者,或者进行健康检查和医学观察,所需费用由用人单位承担;

(3)职业病诊断鉴定费用由用人单位承担;

(4)因职业病进行劳动能力鉴定的,鉴定费从工伤保险基金中支付;

(5)因职业病需要治疗的,相关费用按照工伤的规定处理。

还需要说明的是,不管是职业病还是其他原因发生的工伤,都必须进行彻底的治疗,相关的费用不管花了多少,都应当依法予以报销,这一点,人们常常用一句"工伤索赔上不封顶"予以形象的比喻。

案例: 2003年,高某投资70万元人民币与他人合伙设立了某隧道工程公司,并以该公司名义承包了一隧道施工工程。在施工过程中先后招募了王某等一批工人,上工地工作以前,没有依法对工人进行防尘知识教育和考核,没有按照规定定期对作业场所的粉尘含量进行测定和对工人的身体健康进行检查,也没有采取切实有效的劳动安全保障措施,以致工人在不安全的环境下长期从事粉尘作业。由于工人在恶劣的粉尘环境中从事作业,吸入大量粉尘,包括王某在内的一批人中绝大部分患上了矽肺病。

经职业病鉴定委员会尘肺病诊断组鉴定,在该工地务工的王某等人均患有不同程度的矽肺病,伤残程序为二至八级不等。为此法院判决该隧道工程公司及其股东等人赔偿总金额8000余万人民币。

9. 劳动者在职业病防治中须承担哪些义务?

（1）认真接受用人单位的职业卫生培训，努力学习和掌握必要的职业卫生知识；

（2）遵守职业卫生法规、制度、操作规程；

（3）正确使用与维护职业危害防护设备及个人防护用品；

（4）及时报告事故隐患；

（5）积极配合上岗前、在岗期间和离岗时的职业健康检查；

（6）如实提供职业病诊断、鉴定所需的有关资料等。

重点：熟知职业安全卫生警示标识，禁止不安全的操作行为，正确使用个人防护用品。

10. 建筑企业常见职业病预防控制措施有哪些?

（1）接触各种粉尘，引起的尘肺病预防控制措施：

作业场所防护措施：加强水泥等易扬尘的材料的存放处、使用处的扬尘防护，任何人不得随意拆除，在易扬尘部位设置警示标志。个人防护措施：落实相关岗位的持证上岗，给施工作业人员提供扬尘防护口罩，杜绝施工操作人员的超时工作。

（2）电焊工尘肺、眼病的预防控制措施：

作业场所防护措施：为电焊工提供通风良好的操作空间。个人防护措施：电焊工必须持证上岗，作业时佩戴有害气体防护口罩、眼睛防护罩，杜绝违章作业，采取轮流作业，杜绝施工操作人员的超时工作。

（3）直接操作振动机械引起的手臂振动病的预防控制措施：

作业场所防护措施：在作业区设置防职业病警示标志。个人防护措施：机械操作工要持证上岗，提供振动机械防护手套，采取延长换班休息时间，杜绝作业人员的超时工作。

(4) 油漆工、粉刷工接触有机材料散发不良气体引起的中毒预防控制措施：

作业场所防护措施：加强作业区的通风排气措施。个人防护措施：相关工种持证上岗，给作业人员提供防护口罩，采取轮流作业，杜绝作业人员的超时工作。

(5) 接触噪声引起的职业性耳聋的预防控制措施：

作业场所防护措施：在作业区设置防职业病警示标志，对噪声大的机械加强日常保养和维护，减少噪声污染。个人防护措施：为施工操作人员提供劳动防护耳塞，采取轮流作业，杜绝施工操作人员的超时工作。

(6) 长期超时、超强度地工作，精神长期过度紧张造成相应职业病的预防控制措施：

作业场所防护措施：提高机械化施工程度，减小工人劳动强度，为职工提供良好的生活、休息、娱乐场所，加强施工现场文明施工。个人防护措施：不盲目抢工期，即使抢工期也必须安排充足的人员能够按时换班作业，采取8小时作业换班制度，及时发放工人工资，稳定工人情绪。

(7) 高温中暑的预防控制措施：

作业场所防护措施：在高温期间，为职工备足饮用水或绿豆汤、防中暑药品、器材。个人防护措施：减少工人工作时间，尤其是延长中午休息时间。

提示： 工作场所自觉做好个人安全防护。

（四）施工现场急救知识

1. 施工现场急救的重要性？

发生伤亡事故后，如果能采取正确的救护措施，防止事态的进一步恶化，抢救及时，就有可能把伤者从死亡线上拉回来，因此了解一些基本的救护常识是有必要的。

对不同的事故现场的救护方法也是不同的，对于高空坠落、物体打击、机械伤害等，只能由医务人员采取救护。而对于触电事故、中毒、中暑等，现场救护则可达到事半功倍的效果，早一分救护，就可增加一分生还的希望。

2. 施工现场急救应把握的原则是什么？

当出现事故后，首先要把握两条原则，一是不要恐慌，迅速将伤者脱离危险区，如果是触电事故，必须先切断电源，然后采取救护措施；二是要迅速上报上级有关领导和部门，以便采取更有效的救护措施。

3. 触电事故如何抢救？

（1）脱离电源。发现有人触电时，应立即断开电源开关或拔出插头，若一时无法找到并断开电源开关时，可用绝缘物（如干燥的木棒、竹竿、手套）将电线移开，使触电者脱离电源。必要时可用绝缘工具切断电源。如果触电者在高处，要采取防摔措施，防止触电者脱离电源后摔伤。

（2）假如触电者伤势不重，神志清醒，未失去知觉，但有些内心惊慌，四肢发麻，全身无力，或触电者在触电过程中曾一度昏迷，但已清醒过来，则应保持空气流通和注意保暖，使触电者安静休息，不要走动，严密观察，并请医生前来诊治或者送往医院。

（3）假如触电者伤势较重，已失去知觉，但心脏跳动和呼吸还存在，应使触电者舒适、安静地平卧，周围不围人，使空气流通，揭开他的衣服以利呼吸，如天气寒冷，要注意保温，并迅速请医生诊治或送往医院；如果发现触电者呼吸困难，严重缺氧，面色发白或发生痉挛，应立即请医生做进一步抢救。

(4) 假如触电者伤势严重，呼吸停止或心脏跳动停止，或二者都已停止，仍不可以认为已经死亡，应立即进行人工呼吸或胸外心脏挤压，并迅速请医生诊治或送往医院。但应当注意，急救要尽快地进行，不能等医生的到来，在送往医院的途中，也不能终止急救。

人工呼吸法：人工呼吸法是在触电者停止呼吸后应用的急救方法。各种人工呼吸法中以口对口人工呼吸法效果最好，而且简单易学，容易掌握。施行人工呼吸前，应迅速将触电者身上妨碍呼吸的衣领、上衣、裤带等解开，使胸部等能自由扩张，并迅速取出触电者口腔内妨碍呼吸的食物，脱落的假牙、血块、黏液等，以免堵塞呼吸道。做口对口人工呼吸时，应使触电者仰卧，并使其头部充分后仰，使鼻孔朝上，如舌根下陷，应把它拉出来，以利呼吸道畅通。

胸外心脏挤压法：胸外心脏挤压法是触电者心脏跳动停止后的急救方法。做胸外心脏挤压时，应使触电者仰卧在比较坚实的地方，在触电者胸骨中段叩击1～2次，如无反应再进行胸外心脏挤压。人工呼吸与胸外心脏挤压应持续4～6小时，直至病人清醒或出现尸斑为止，不要轻易放弃抢救。同时应尽快请医生到场抢救。

(5) 外伤的处理

如果触电人受外伤，可先用无菌生理盐水和温开水清洗，再用干净绷带或布类包扎，然后送往医院处理。如伤口出血，则应设法止血。通常方法是：将出血肢体高高举起，或用干净纱布扎紧止血等，同时急请医生处理。

4. 中暑后如何抢救？

夏季，在建筑工地劳动或工作最容易发生中暑，轻者全身疲乏无力，头晕、头痛、烦闷、口渴、恶心、心慌；重者可能突然晕倒或昏迷不醒。遇到这种情况应马上进行抢救，让病人平躺，并放在阴凉通风处，松解衣扣和腰带，慢慢地给患者喝一些凉开（茶）水、淡盐水或西瓜汁等，也可给病人服用十滴水、仁丹、藿香正气片（水）等消暑药。病重者，要及时送往医院治疗。预防中暑的简便方法是：平时应有充足的睡眠和适当的营养；工作时，应穿浅色且透气性好的衣服，争取早出工，中午延长休息时间，备好消暑解渴的清凉饮料和一些防暑的药物。

5. 一氧化碳中毒后如何抢救？

对一氧化碳中毒患者的抢救，首先要及时将病人转移至空气新鲜流通处所，使其呼吸道畅通；中毒较重的病人；要给其输氧，促进一氧化碳排出；对已发生呼吸衰竭的患者，要立即进行人工呼吸，直到恢复自主呼吸，再送往医院治疗。

6. 开放性创伤如何救护？

创伤分为开放性创伤和闭合性创伤。开放性创伤是指皮肤或黏膜的破损，常见的有：擦伤、切割伤、撕裂伤、刺伤、撕脱、烧伤。具体处理如下：

（1）对伤口进行清洗消毒，可用生理盐水或酒精棉球，将伤口和周围皮肤伤粘染的泥砂、污物等清理干净，并用干净的纱布吸收水份及渗血，再用酒精等药物进行初步消毒。在没有消毒条件的情况下，可用清洁水冲洗伤口，最好用流动的自来水冲洗，然后用干净的布或敷料吸干伤口。

（2）<u>止血</u>。对于出血不止的伤口，能否做到及时有效地止血，对伤员的生命安危影响极大。在现场处理时，应根据出血类型和部位不同采用不同的止血方法：直接压迫——将手掌通过敷料直接加压在身体表面的开放性伤口的整个区域；抬高肢体——对于手、臂、腿部严重出血的开放性伤口，都应抬高，使受伤肢体高于心脏水平线；压迫供血动脉——手臂和腿部伤口的严重出血，如果应用直接压迫和抬高肢体仍不能止血，就需要采用压迫点止血技术；包扎——使用绷带、毛巾、布块等材料压迫止血，保护伤口，减轻疼痛。

（3）烧伤的急救应先去除烧伤源，将伤员尽快转移到空气流通的地方，用较干净的衣服把伤面包裹起来，防止再次污染；在现场，除了化学烧伤可用大量流动清水冲洗外，对创面一般不作处理，尽量不弄破水泡，保护表皮。

7. 闭合性创伤如何救护？

闭合性创伤是指人体内部组织的损伤，而没有皮肤黏膜的破损，常见的有：挫伤、挤压伤。具体处理如下：

（1）较轻的闭合性创伤，如局部挫伤、皮下出血，可在受伤部位进行冷敷，以防止组织继续肿胀，减少皮下出血。

（2）如发现人员从高处坠落或摔伤等意外时，要细检查其头部、颈部、胸部、腹部、四肢、背部和脊椎，看看是否有肿胀、青紫、局部压疼、骨摩擦声等其他内部损伤，假如出现上述情况，不能对患者随意搬动，需按照正确的搬运方法进行搬运，否则，可能造成患者神经、血管损伤并加重病情。

（3）如怀疑有内伤，应尽早使伤员得到医疗处理；运送伤员时要取卧位，小心搬运，注意保持呼吸道畅通，防止休克。

（4）运送过程中如突然出现呼吸、心跳骤停时，应立即进行人工呼吸和体外心脏挤压法等急救措施。

主要参考文献

[1] 卜建业,陈焱,朱劼,范海阳.进城务工教育读本.北京:中国劳动社会保障出版社,2004.
[2] 张喜才,房风文.农民工素质提升手册.北京:中国工人出版社,2006.
[3] 杨小亮,曹迪.农民工城市生活手册.北京:中国工人出版社,2006.
[4] 王立新,石燕捷,霍泉宇.维权百事通——工资、工龄与社保、福利待遇.北京:中国法制出版社,2006.
[5] 黎长志,蔡春红.劳动争议——工伤事故索赔(第二版).北京:中国检察出版社,2006.
[6] 黄民主.常见新发传染病及性传播疾病防治.北京:科学技术文献出版社,2007.
[7] 黄明豪,李小宁.性病艾滋病社区健康教育手册.北京:化学工业出版社,2006.